国家科技重大专项资助（2016ZX05051004）

库 车 拗 陷
致密砂岩裂缝定量解析

侯贵廷　孙雄伟　鞠　玮　著

科学出版社

北 京

内 容 简 介

致密油气从美国大规模开发以来，得到全世界的重视。我国近些年也开始勘探开发致密油气。塔里木盆地北部的库车拗陷中生界下侏罗统阿合组致密砂岩和下白垩统巴什基迪克组致密砂岩均是重要的致密储层，并相继发现了克深气田和迪北气田，这都是致密气领域的重大发现。构造裂缝发育程度是致密砂岩储集性和渗透性评价的重要指标。本书通过大量野外和岩心的构造裂缝测量统计和分析，研究了影响构造裂缝分布和发育程度的主要因素，包括：岩性、层厚和各种构造（如褶皱和断裂）。认为越细越薄的碎屑岩越有利于裂缝的发育；距断裂越近，裂缝越发育；背斜中和面以上的转折端区是张裂缝发育的重要构造部位。本书以研究区的构造图为基础，建立三维非均质性的模型，利用弹性力学有限元数值模拟方法，计算研究区的构造应力场，计算研究区的岩石破裂值和应变能（二元法）分布，在岩心的裂缝密度实测数据约束下，通过建立实测的裂缝密度与计算的破裂值和应变能之间相关经验公式，预测研究区的构造裂缝密度分布，最后总结构造裂缝的分布规律。

本书可作为从事非常规油气勘探开发研究与教学工作的大专院校和研究院所的科研人员、教师及研究生的参考用书。

图书在版编目（CIP）数据

库车拗陷致密砂岩裂缝定量解析/侯贵廷，孙雄伟，鞠玮著.—北京：科学出版社，2019.1

ISBN 978-7-03-059355-9

Ⅰ.①库… Ⅱ.①侯… ②孙… ③鞠… Ⅲ.①致密砂岩–裂缝（岩石）–研究 Ⅳ.①P588.21

中国版本图书馆 CIP 数据核字（2018）第 249545 号

责任编辑：王 运 李 静／责任校对：张小霞
责任印制：肖 兴／封面设计：铭轩堂

科学出版社 出版

北京东黄城根北街 16 号
邮政编码：100717
http://www.sciencep.com

三河市春园印刷有限公司 印刷
科学出版社发行 各地新华书店经销

*

2019 年 1 月第 一 版 开本：787×1092 1/16
2019 年 1 月第一次印刷 印张：10 3/4
字数：255 000

定价：139.00 元
（如有印装质量问题，我社负责调换）

前　言

进入 21 世纪，从美国开始的非常规油气资源勘探开发日益受到各国的重视。非常规油气资源主要包括：致密油气、页岩油气、火山岩油气和天然气水合物等。目前我国十分重视勘探开发非常规油气资源。已先后在塔里木盆地、鄂尔多斯盆地、四川盆地和贵州等地区勘探开发了非常规油气资源，如塔里木盆地库车拗陷的致密气、鄂尔多斯盆地的致密油和四川盆地的页岩气。

非常规油气藏有别于常规油气藏的最大特点是储层的致密性和非均质性。致密性表现为低孔隙度和低渗透率，尤其渗透率很低，甚至超低渗透率，低于 $0.1 \times 10^{-3} \, \mu m^2$。非常规油气藏多数为初次运移，烃源岩与储集层紧密相关，无明显盖层。分布规模大，但丰度低。另外有些非常规油气藏具有非常规压力状态。非常规油气藏的低孔低渗的储层特征及其他非常规特征严重制约了非常规油气的勘探开发。致密储层的孔隙多数不连通，喉道窄，甚至缺少喉道，阻碍了油气的运移和富集，需要裂缝来连通原生孔隙，提高有效孔隙度和渗透率。在致密储层里勘探开发油气资源，主要有两个途径：一是在致密储层区寻找天然构造裂缝发育的"甜点区"，另一个是对致密储层开展人工水压致裂，即人工造缝。可见非常规油气的勘探开发离不开致密储层的裂缝研究。

本书的研究对象是致密储层的天然构造裂缝，不涉及人工压裂缝。

本书以塔里木盆地北部的库车拗陷为例，对侏罗系和白垩系的致密砂岩储层开展构造裂缝定量解析。以大量的野外构造地质和构造裂缝测量及岩心裂缝测量统计为基础，利用数学统计方法和力学有限元数值模拟方法，研究构造裂缝的发育特征、分布规律和发育机制。在构造裂缝发育机制方面，分别对褶皱的裂缝发育机制、断层相关的裂缝发育机制和断层相关褶皱的裂缝发育机制开展了分析，并讨论盐下致密砂岩的构造裂缝发育机制。最后在岩心裂缝测量统计数据约束下，在区域应力场模拟基础上，针对致密气藏开展三维建模，通过计算破裂值和应变能值，利用"二元法"对库车拗陷东部的致密砂岩储层开展了构造裂缝分布的定量预测，为该区致密砂岩油气勘探开发提供裂缝分布规律的预测。

本书的前言和第 1 章由侯贵廷和孙雄伟编写；第 2 章由侯贵廷、鞠玮、孙雄伟和郑淳方编写；第 3 章由侯贵廷、鞠玮、于璇、郑淳方和詹彦编写；第 4 章由侯贵廷和于璇编写；第 5 章和第 6 章由侯贵廷、鞠玮、于璇和詹彦编写；第 7 章由侯贵廷和孙雄伟编写。

感谢北京大学地球与空间科学学院的博士研究生李乐、张庆莲、张鹏、赵文韬、郑淳方、孙帅、李杰、闫阁、方鹏、邵博、杨立辉和段尚昌等参加部分野外工作，并编制清绘图件。感谢塔里木油田研究院的杨海军院长、杨文静副院长、谢会文副院长、李勇所长和潘文庆教授级专家的大力支持和指导。

目　　录

前言
第1章　绪论 ·· 1
　1.1　构造裂缝研究进展 ·· 1
　1.2　裂缝定量解析的方法 ··· 6
第2章　区域地质背景 ·· 12
　2.1　地层概况 ··· 12
　　2.1.1　三叠系 ·· 12
　　2.1.2　侏罗系 ·· 15
　　2.1.3　白垩系 ·· 16
　　2.1.4　古近系 ·· 17
　　2.1.5　新近系及第四系 ·· 17
　2.2　区域地质演化 ·· 18
　2.3　构造特征 ··· 20
　　2.3.1　盐岩分布特征 ··· 21
　　2.3.2　构造变形特征 ··· 22
　2.4　区域构造应力场解析 ·· 23
第3章　构造裂缝发育特征及分布规律 ··· 27
　3.1　构造裂缝的识别与测量 ·· 27
　3.2　构造裂缝发育特征及分布规律 ··· 29
　　3.2.1　裂缝性质与产状 ·· 30
　　3.2.2　裂缝密度与强度 ·· 35
　　3.2.3　裂缝开度 ·· 35
　　3.2.4　裂缝充填程度与充填物 ·· 39
　3.3　裂缝发育特征的区域对比 ·· 44
　3.4　小结 ··· 45
第4章　构造裂缝发育规律 ··· 46
　4.1　地层控制裂缝发育规律 ·· 46
　　4.1.1　地层岩性控制因素 ··· 46
　　4.1.2　地层层厚控制因素 ··· 49
　　4.1.3　裂缝发育程度与岩性和层厚的关系比较 ·· 52
　4.2　构造控制裂缝发育的规律 ·· 54
　　4.2.1　断层相关构造裂缝发育规律 ··· 54
　　4.2.2　褶皱相关构造裂缝发育规律 ··· 58
　　4.2.3　断背斜的裂缝发育规律 ··· 62
　4.3　小结 ··· 67

第 5 章　构造裂缝发育机制 ………………………………………………………… 69
　5.1　研究方法概述 ………………………………………………………………… 69
　5.2　褶皱的裂缝发育机制 ………………………………………………………… 70
　　5.2.1　压缩量因素 ……………………………………………………………… 71
　　5.2.2　地层厚度因素 …………………………………………………………… 72
　5.3　走滑断层相关的裂缝发育机制 ……………………………………………… 73
　　5.3.1　断层滑移量因素 ………………………………………………………… 75
　　5.3.2　挤压应力因素 …………………………………………………………… 77
　　5.3.3　断层摩擦系数因素 ……………………………………………………… 78
　5.4　逆冲断层相关的裂缝发育机制 ……………………………………………… 79
　　5.4.1　断层滑移量因素 ………………………………………………………… 81
　　5.4.2　断层倾角因素 …………………………………………………………… 82
　　5.4.3　断层摩擦系数因素 ……………………………………………………… 84
　5.5　断背斜的裂缝发育机制 ……………………………………………………… 85
　　5.5.1　断层滑移量因素 ………………………………………………………… 87
　　5.5.2　断坡初始角因素 ………………………………………………………… 89
　　5.5.3　地层摩擦系数因素 ……………………………………………………… 90
　　5.5.4　断层摩擦系数因素 ……………………………………………………… 90
　5.6　膏盐层邻近致密砂岩的构造裂缝发育机制 ………………………………… 92
　　5.6.1　膏盐层厚度控制裂缝发育的概念模型 ………………………………… 94
　　5.6.2　膏盐层控制裂缝发育的实际模型模拟 ………………………………… 99
　　5.6.3　模拟结果讨论与对比 …………………………………………………… 112
　　5.6.4　盐构造发育区断背斜的裂缝发育模式探讨 …………………………… 113
　5.7　小结 …………………………………………………………………………… 117
第 6 章　库车拗陷东部致密砂岩的裂缝定量预测 ………………………………… 119
　6.1　研究区的三维应力场数值模拟 ……………………………………………… 119
　6.2　构造裂缝定量预测的"二元法"原理 ……………………………………… 120
　6.3　库车拗陷东部张裂缝定量预测 ……………………………………………… 123
　　6.3.1　力学模型 ………………………………………………………………… 124
　　6.3.2　应力场结果与分析 ……………………………………………………… 128
　　6.3.3　岩心张裂缝的测量统计分析 …………………………………………… 132
　　6.3.4　吐格尔明背斜的张裂缝密度预测 ……………………………………… 135
　6.4　库车拗陷东部剪裂缝定量预测 ……………………………………………… 143
　　6.4.1　力学模型 ………………………………………………………………… 145
　　6.4.2　应力场模拟结果与评价 ………………………………………………… 145
　　6.4.3　迪北气田致密砂岩的剪裂缝预测 ……………………………………… 146
　6.5　小结 …………………………………………………………………………… 154
第 7 章　总结 ………………………………………………………………………… 155
参考文献 ……………………………………………………………………………… 157

第1章 绪 论

裂缝是石油地质学针对裂缝油气藏而提出的一个概念，包括各种成因的裂缝，但常见的是构造裂缝，相当于构造地质学里的"节理"，是构造作用形成的破裂，可以形成各种尺度的裂缝，宏观的裂缝可以形成世界上最大破裂群被基性岩浆侵位从而形成巨型岩墙群，如加拿大的 Mackenzi 岩墙群和中国华北基性岩墙群（Hou et al.，2006a、b、c，2008a、b、c，2010a、b；侯贵廷，2010），而中小尺度和微观的裂缝在石油储层中常见（侯贵廷和潘文庆，2013），并对油气运移和储集具有重要意义，这是本书的重点研究对象。

随着油气勘探开发的深入进行，常规油气藏已越来越少，而非常规油气藏成为今后勘探开发的主要类型。由于绝大多数非常规油气藏的储层是低孔低渗的，裂缝发育程度成为非常规储层油气勘探开发的关键问题。如何研究裂缝发育程度及其形成机制，提高裂缝性储层的勘探开发效益和油气资源的利用率是裂缝型非常规油气藏勘探开发的重要课题。

裂缝的发育程度与油气的运移、富集和成藏关系密切。裂缝控制着储层性质和油气分布，因此是油气藏开发方案研究的重要方面。例如，库车拗陷东部地区侏罗系致密碎屑岩储层的孔隙度和渗透率较低，库车的依南地区下侏罗统阿合组储层的孔隙度集中分布在 $4\% \sim 12\%$，平均为 7.53%，渗透率集中在 $(0.1 \sim 100) \times 10^{-3}\,\mu m^2$，平均为 $12.33 \times 10^{-3}\,\mu m^2$，其中小于 $1 \times 10^{-3}\,\mu m^2$ 的样品占到 75%，属于典型的致密砂岩储层（Golab et al.，2010；康海亮等，2016）。储层中发育的构造裂缝，可明显提高储层的渗流能力，有利于油气的运移、富集和成藏，并可极大地改善油气储量/产量规模。

由于裂缝发育和分布的复杂性，库车拗陷东部地区致密砂岩储层裂缝的发育特征及分布规律尚不清楚，裂缝的发育机制也亟待深入研究。如何有效评价和预测裂缝是制约库车拗陷东部地区致密砂岩储层勘探和开发的关键。因此，搞清库车拗陷东部致密砂岩储层的裂缝发育特征、分布规律和发育程度及其发育机制，对该区致密砂岩油气勘探开发具有重要意义。

1.1 构造裂缝研究进展

裂缝使岩石破裂，包括构造裂缝和非构造裂缝。构造裂缝就是构造地质学里的节理，具有很强的定向性规律，是构造应力作用的结果，而非构造裂缝包括成岩缝和风化缝等，杂乱且延伸性差，规律性不强。

本书研究对象主要是构造裂缝。构造裂缝是致密储层里最常见的裂缝。目前，国内外对构造裂缝的研究虽然已形成了许多富有特色的研究方法（Price，1966；Murray，1968；侯贵廷，1994；丁中一等，1998；Bellahsen et al.，2006；曾联波等，2007；周新桂等，2007；Zeng et al.，2010；侯贵廷和潘文庆，2013；潘文庆等，2013；牛小兵等，2014；Ju et al.，2013；Ju and Hou，2014；Ju et al.，2014），但是整体上偏具体应用，理论方面不够深入，尤其在裂缝的定量解析和力学机制方面还值得继续深入研究。

岩石破裂形成裂缝的过程伴随着表面能的不断增加，Price（1966）据此提出构造裂缝的发育程度与岩石弹性应变具有正比关系，并认为在厚度相同的前提下，具有相对较高应变能的岩石中会发育更多的裂缝。

通过分析构造裂缝发育程度与构造形变主曲率之间的关系，以 Murray（1968）等为代表的学者认为弯曲岩层内构造裂缝的发育程度与曲率有关，并逐渐发展形成一种新的构造裂缝研究方法，即"曲率法"。当岩层受力弯曲变形后，中性面（即岩层中受力弯曲变形前后长度不变的那个面）以上的部位承受张应力，形成张裂缝（图1-1）；中性面以下的部位承受压应力，形成剪裂缝或压裂缝，但不发育张裂缝。岩层在构造应力作用下发生褶皱变形时，转折端的曲率越大，则在褶皱转折端形成的张裂缝就越发育（Murray，1968；侯贵廷和潘文庆，2013；Sun et al.，2017）。

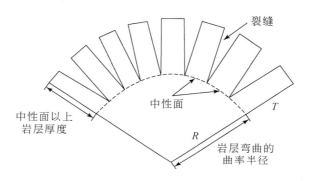

图 1-1　褶皱转折端中性面之上发育张裂缝的概念模型（Murray，1968）

随后，Peck 等（1985）、侯贵廷（1994）等将分形几何学及统计方法引入到裂缝研究中，通过测量统计野外或岩心裂缝的分数维值来定量描述储集层中裂缝的分布差异性及其发育程度。侯贵廷（1994）提出裂缝分形分布的概念模型（图1-2），首次提出不仅裂缝密度是影响储集性的重要参数，反映裂缝的分布差异性的分数维也是影响储集性和渗透性的重要参数。两个模型虽然具有相同的裂缝面密度和一致的优势方位，但两者裂缝的分布样式显然不同，因而对流体的渗流也会产生不同的影响。

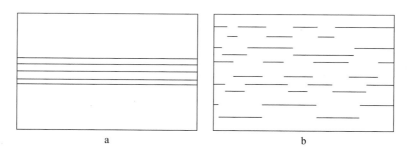

图 1-2　两种基本的分形分布裂缝模型（侯贵廷，1994）

a. 裂缝分布的分数维低，渗透性好；b. 裂缝分布的分数维高，渗透性差

Narr 和 Lerche（1984）提出在一定岩层厚度范围内，构造裂缝的平均间距与岩层厚度比值呈线性关系（图 1-3），形成并发展了"裂缝间距指数法"。所谓裂缝间距指数法，即用构造裂缝发育的岩层厚度中值与构造裂缝间距中值的比值来评价构造裂缝发育的程度（Narr and Suppe，1991；Gross，1993）。

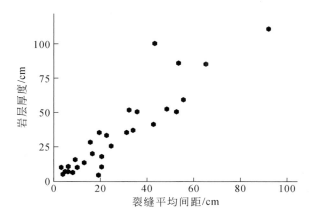

图 1-3　岩层厚度与裂缝平均间距关系图（Narr and Suppe，1991）

Nelson（1985）在研究与断层相关的裂缝密度时，提出与断层相关的裂缝密度是多种参数（如岩性、埋藏深度、断层类型、断层面的位移及距断层的距离等）的函数。北京大学的侯贵廷教授带领博士研究生张庆莲等（2010）、鞠玮等（2011，2013，2014a、b）、张鹏等（2011，2013a、b，2014，2015）、赵文韬等（2013，2015a、b）和于璇等（2016a、b）利用野外实际构造裂缝观测与统计、构造裂缝地震解释与统计等方法，发现构造裂缝密度与距断层距离的关系为指数关系，随着距断层距离的增大，构造裂缝的密度呈指数减小（侯贵廷和潘文庆，2013）。

近些年来，利用成像测井方法识别裂缝（图 1-4），并尝试利用横波检测法、多波多

图 1-4　微电阻率成像测井（FMI）识别裂缝类型（曾联波等，2007）

a. 高导缝；b. 高阻缝；c. 压裂缝；d. 应力释放缝

分量地震技术、相干数据体分析和 AVO 属性提取技术等预测裂缝分布规律，有效地推动了构造裂缝的识别表征和预测（Boadu，1997；曾联波等，2004，2007）。

以 Smart、Gudmundsson、Ju 和 Hou 等为代表，在野外构造裂缝地质调查的基础上，通过有限元或离散元等数值模拟方法，探讨了不同构造类型的局部应力场、层间滑动、断层倾角和断层相关褶皱作用等各种因素对构造裂缝发育的影响和控制（Smart et al.，2012；Gudmundsson et al.，2010；Ju et al.，2014；Ju and Hou，2014；图 1-5）。

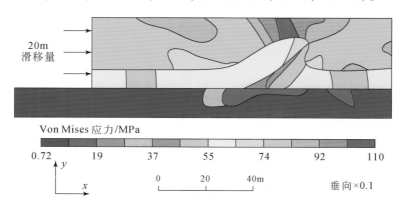

图 1-5　局部应力场控制断背斜转折端裂缝发育的数值模拟（Ju and Hou，2014）

断背斜转折端上方的红色区为张裂缝发育区

以北京大学的王仁院士为代表，在岩石破裂准则的基础上，利用数值模拟方法，从构造应力场出发，提出破裂值概念进行半定量-定量的预测研究（王仁等，1994）。

随后，以丁中一、侯贵廷、曾联波、戴俊生、丁文龙和周新桂等学者为代表，在地质基础工作和构造应力场分析的基础上，形成并发展了根据有限元数值模拟方法对构造裂缝的空间分布特征及规律进行预测的技术（侯贵廷，1994，2010；丁中一等，1998；宋惠珍，1999；Hou et al.，2006a、b、c，2010a、b；戴俊生等，2011；丁文龙等，2011；张庆莲和侯贵廷，2011；鞠玮等，2013，2014a、b；张鹏等，2011，2013a、b，2014，2015；Zeng et al.，2010）。这种方法以及破裂准则主要是针对均质体，没有考虑早期构造裂缝的影响，以及岩层的非均质性，因而会对构造裂缝预测结果的准确性产生影响（Ghosh and Mitra，2009a、b）。

丁中一等（1998）以吐哈盆地的丘陵油田致密砂岩储层的裂缝研究为例，分别通过岩石破裂法和能量法对七克台组、三间房组和西山窑组中构造裂缝的发育情况进行研究，发现仅用一种方法不能准确表征和预测裂缝密度，进一步提出用岩石破裂值和应变能两个参数共同定量预测裂缝发育的新方法（即"二元法"），该方法被国内学者广泛应用到裂缝定量预测中（丁中一等，1998；鞠玮等，2013，2014a、b；詹彦等，2014；赵文韬等，2013，2015a、b；于璇等，2016b）。另外，以格里菲斯准则和莫尔-库仑准则作为判断岩石发生张性和剪性破裂的依据，在应变能及表面能理论的基础上，借助表征单元体及裂缝平板的渗流模型，可以建立张应力状态下或三轴挤压应力情况下地应力与构造裂缝参数的定量关系，并给出了相应的计算模型。该计算模型可以用来计算构造裂缝密度分布、开度和渗透率等参数（图 1-6），并且可在渗透率的计算过程中体现矢量参数的方向性差异（戴俊生等，2011；丁文龙等，2011；于璇等，2016b；Zhao and Hou，2017）。

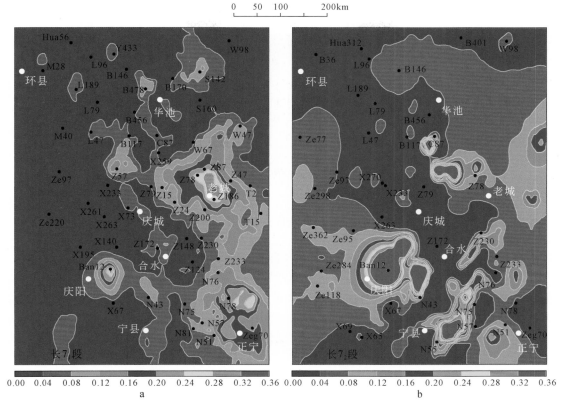

图 1-6 鄂尔多斯盆地中部长 7 段裂缝密度分布预测图（Zhao and Hou，2017）

前人对库车拗陷裂缝发育特征做过一些初步的研究，如曾联波和周天伟（2004）、黄继新等（2006）等。曾联波和周天伟（2004）利用岩心、测井以及野外露头资料，对整个库车拗陷内不同储层的裂缝分布特征进行分析。纵向上，三叠系、下侏罗统阿合组、下白垩统巴什基奇克组和古近系库姆格列木群裂缝较为发育（图 1-7），裂缝的发育程度受到岩性和层厚的控制；平面上，下白垩统裂缝发育区主要分布在克拉苏-依奇克里克构造带，古近系裂缝主要分布在克拉苏-大北地区（侯贵廷和潘文庆，2013）。

汪必峰（2007）对库车拗陷东部迪那地区的构造裂缝发育特征进行研究，并对不同时期裂缝的开度、密度、孔隙度和渗透率进行了预测。吴文圣等（2001）通过测井资料分析，提出了基于双侧向测井资料的裂缝宽度、裂缝孔隙度计算方法和模型，实现了在没有井壁成像测井资料的条件下对库车拗陷致密砂岩的裂缝进行定量计算与评价。杨学君（2011）对库车拗陷西部大北气田内致密砂岩储层的裂缝特征及形成机理进行了初步研究。

综上所述，前人对库车拗陷裂缝的研究多集中在不同地层控制裂缝发育特征方面，在

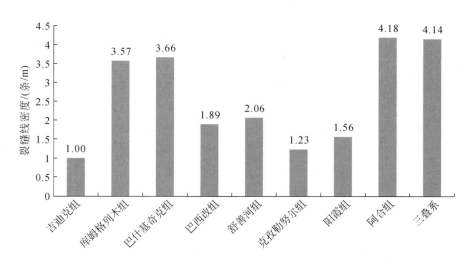

图 1-7　库车拗陷各地层裂缝密度分布（曾联波和周天伟，2004）

控制裂缝发育的构造因素和力学机制及其定量预测方面较薄弱（Underwood et al.，2003）。本书基于单井岩心和测井资料的裂缝解释和野外裂缝测量统计，从岩性、层厚、褶皱、断裂、热液作用和区域应力场等方面，系统地统计分析这些因素如何控制构造裂缝发育特征，探寻控制裂缝发育的主控因素，解析裂缝发育的规律性，利用数值模拟等手段研究构造裂缝发育的力学机制，以及定量预测构造裂缝的发育程度和空间分布规律。

1.2　裂缝定量解析的方法

随着非常规油气资源的勘探开发日益受到重视，对非常规储层，如致密砂岩，开展裂缝定量研究十分迫切。最常见的裂缝是构造裂缝，定向性强，延伸性好，可预测性强。构造裂缝定量解析的方法主要包括：①裂缝识别、描述和表征；②裂缝形成机制分析；③裂缝发育程度的定量预测。

库车拗陷的致密砂岩油气藏的储层低孔低渗，非均质性极强，其中构造裂缝是提高储层渗透性的主要因素。现在该地区致密砂岩油气藏勘探开发的首要任务是搞清裂缝分布规律。裂缝在什么部位更集中，应力作用是如何起作用的，都需要基于野外地质考察和岩心裂缝测量建立实际模型，通过深入解析构造裂缝发育的力学机制，才能搞清构造裂缝分布规律。库车拗陷砂岩野外剖面的地层连续性和各种类型构造（逆断层、走滑断层和褶皱等）出露的完整性都为构造裂缝发育的规律性研究提供了难得的研究基地。

构造裂缝的野外识别首先要在野外区分开不同成因的裂缝，如构造裂缝和非构造裂缝。

构造裂缝一般表现为成组出现、走向稳定、较平直、穿层或穿多层，在成因上与各种构造作用密切相关，如挠曲、拱起、褶皱作用和各种断裂作用（图 1-8）。

图 1-8 克孜勒努尔沟石灰厂煤层下背斜转折端发育裂缝

事实上，由于重力压实作用，地下很少出现明显的张应力区，多数天然张裂缝都是构造作用下在浅层形成的。张裂缝和剪裂缝也是对油田勘探开发影响最大的，最具有储油、储气潜力的，以及最受关注的裂缝类型。一个地层发育裂缝的过程，首先经过微裂缝及裂缝成核阶段，然后在裂缝发育带（即"损伤带" damage zone）贯穿形成断层（图 1-7）。一旦断层形成，通过断层位移吸收应力，裂缝就不易再发育了，因此，裂缝多形成在断层之前或同断裂作用。另外，在褶皱作用下，岩层发生挠曲或褶皱变形，在褶皱的转折端容易发育构造裂缝（图 1-8）。

非构造裂缝成因复杂，形态多样，尺度跨度大，一般走向变化大，与构造作用无关（图 1-9）。非构造裂缝包括：成岩缝、溶蚀缝、压实缝、风化缝、沉积裂缝、层间缝和人工压裂裂缝等。

图 1-9 砂岩构造裂缝与非构造裂缝的区别
红色虚线为成岩作用形成的层理缝，垂直层理为构造裂缝

成岩缝：成岩早期，沉积岩、变质岩可有层理缝、砾间缝、粒间缝和晶间缝等原生缝，沉积物颗粒越大，越容易形成裂隙。侵入岩的原生裂缝可以有冷凝收缩缝。成岩晚期，碳酸盐岩可以经过白云岩化、去白云岩化、重结晶，把原生裂缝改造成晶间缝。

溶蚀缝：由成岩后地层中的部分物质，如致密砂岩、石灰岩、白云岩，在酸性流体作用下溶蚀形成。

压实缝（压溶缝）：地层存在一些封闭的含液成岩缝和气孔，在垂向的压实作用下，液体压力上升，在侧向压力较小的方向会形成裂缝扩展，呈头盖骨"缝合线状"。

风化缝：表层风化期、剥蚀期和盖层开始沉积期，形成风化壳和不整合面。风化缝形成原因主要包括地表水的溶蚀作用。风化缝一般横截面呈"V"字形，切割岩层较浅，通常不切穿岩层，走向不稳定。

沉积裂缝：由于流体的定向流动和冲击作用，砾石、岩屑定向排列，形成液体流动通道，这些通道在沉积压实过程中胶接、压缩，通道孔径变小，形成与原来定向流动方向平行的裂缝、裂隙条带，与沉积构造特征相关。

层间缝：相邻地层间，若介质差异明显，层面间不整合，沉积条件不同，就会形成层间裂缝群，通常裂缝的倾角变化大，走向离散，不切穿地层。

人工压裂裂缝：是由水力压裂强制形成的人工裂缝。裂缝形态在很大程度上取决于压裂井附近的现代地应力状态及钻孔产状。在垂向应力是中间主应力、钻孔直立时，该裂缝通常是沿最大水平主应力方向的主力裂缝，裂缝尺度可以很大，大体平直，这是油田最常见的人工裂缝形态。如果水平井水平段沿最小水平主应力方向，则压裂会形成多条直立的人工裂缝；如果水平井水平段沿最大主压应力方向，压裂有时候会出现水平缝。

构造裂缝的定量表征是构造裂缝地质建模和裂缝型油气藏勘探开发的基础工作。构造裂缝的主要特征包括：长度、方向、充填程度、力学性质和发育程度等。针对构造裂缝的主要特征，我们通过 8 个参数来定量表征构造裂缝的长度、方向、类型和发育程度等，包括：裂缝的力学性质、产状（以走向为主）、开度、密度、强度、充填程度和充填物（侯贵廷和潘文庆，2013）。

裂缝的力学性质：能提高储层储集性和渗透性的构造裂缝主要为张裂缝、张剪性裂缝或剪裂缝，通常张裂缝呈锯齿状或追踪张，剪裂缝呈共轭节理形式出现，单一走向的剪裂缝通常也呈组发育，延伸比张裂缝更长。压性裂缝对油气运移和储集影响较小，因此关注较少。

裂缝的走向：裂缝的产状包括倾向和倾角，在裂缝面不易测量的情况下，通常用裂缝的走向，可以编制某剖面或测量面的裂缝走向玫瑰图，反映该剖面或测量面上构造裂缝的优势方位。共轭的构造裂缝（相当于共轭节理）可以恢复古应力场的最大主压应力方向。

裂缝开度（d）：就是裂缝的张开度或宽度，由裂缝壁之间的距离来表示，单位通常用毫米（mm），多数为 0～5mm。

裂缝密度：裂缝密度包括线密度、面密度和体密度三种，单位均为 m^{-1}。

线密度（f_1）是与某测量线段相交的裂缝的数目（N）和此线段长度（L）的比值，用 f_1 表示。

$$f_1 = N/L$$

面密度 (f_s) 是某测量截面上所有裂缝的长度之和 Σl_n 与测量截面面积 S 的比值，用 f_s 表示。

$$f_s = \Sigma l_n / S$$

体密度 (f_v) 是某测量体积内所有裂缝表面积之和 ΣS_n 与测量体体积 V 的比值，用 f_v 表示。

$$f_v = \Sigma S_n / V$$

其中，体密度最能够真实地反映裂缝的密度，即反映裂缝的发育程度，但体密度很难测量；线密度最容易测量，但不能完整地反映裂缝的发育程度，这里我们采用面密度来表征裂缝密度，相对而言，面密度既容易测量，又能较完整地反映裂缝的发育程度。

裂缝的充填性：包括完全充填、半充填和未充填三种情况。

裂缝的充填物：主要指裂缝充填物的成分，如方解石充填、泥质充填、碳质充填和铁质充填等。

为了研究裂缝发育的影响因素和建立裂缝发育的地质模型，我们在库车致密砂岩地区针对不同岩性和层厚的剖面，还有不同类型的构造（如断层、褶皱）进行野外详细调查，并针对不同地质条件设计实测剖面，进行构造裂缝的测量和统计。

尽量选择单一因素差异性的剖面进行裂缝测量统计和分析，如选择构造简单且层厚相近的剖面解析岩性对裂缝发育程度的影响，而选择构造简单且岩性相近的剖面解析层厚对裂缝发育程度的影响。选择岩性和层厚条件相似的地区，对褶皱的构造裂缝开展解析，分别在褶皱的两翼和转折端设计测量面；对断层附近的构造裂缝开展解析，在断层的某盘距断层由近至远布置构造裂缝的测量面。

野外构造裂缝测量一般可分为七个步骤（图 1-10）。

图 1-10　野外构造裂缝测量步骤示意图

a. 标注测量点号；b. 测点的 GPS 定位；c. 地层产状和层厚的测量；d. 裂缝参数测量；

e. 记录数据和拍照；f. 采集样品和测量点距

第一步：用红色油漆确定测量面范围，标注测量面编号，并进行 GPS 定位，记录岩性和地层产状。

第二步：确定构造性质，判定测量面所处该构造的位置，如距断裂的距离，或褶皱的转折端还是翼部。

第三步：野外测量构造裂缝的产状（包括：走向、倾向和倾角）。

第四步：测量裂缝面密度所需的基础参数，如测量面产状、测量面的长和宽、测量面上所有构造裂缝的长度。

第五步：构造裂缝的开度、充填程度和充填物。

第六步：测量裂缝强度所需的基础参数，如单层层厚和裂缝穿层的层数。

第七步：对测量面进行拍照，以备检查统计和分析裂缝分布情况。

通过在野外构造裂缝的实测，获得构造裂缝的多种参数和信息。利用 MATLAB 数学统计软件，对这些大量的裂缝数据进行数据处理和统计分析，进一步分析影响构造裂缝发育的各种因素，寻找不同类型构造控制构造裂缝的规律。

构造裂缝数据的主要统计内容和方法包括：裂缝走向统计（走向玫瑰图）、开度统计（直方图）、充填程度统计（直方图）、面密度统计（直方图）、裂缝面密度与距断层距离关系的统计与回归分析，裂缝面密度与距轴面距离之间的回归分析，以及裂缝面密度与地层曲率关系的统计与回归分析。

基于上述野外地表露头和侏罗系致密岩心构造裂缝的观测和统计，一方面，总结库车拗陷构造裂缝的发育特征和分布规律，建立能反映各种因素控制构造裂缝发育的地质模型，并在此基础上进一步探讨库车拗陷东部地区致密砂岩构造裂缝的发育机制；另一方面，对库车拗陷依南–吐孜致密砂岩储层重点区进行三维地质建模，结合三轴岩石力学实验结果，分析主造缝期的构造应力场和应变场特征，计算该区的岩石破裂值和应变能，在岩心构造裂缝密度的约束下，利用"二元法"（即岩石破裂值和应变能）实现对库车拗陷东部侏罗系致密砂岩构造裂缝分布的定量预测（图 1-11）。

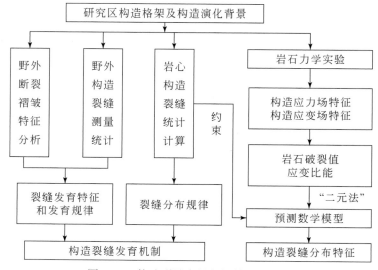

图 1-11　构造裂缝定量解析技术流程图

　　早期丁中一等（1998）提出的"二元法"裂缝预测方法要通过人工调整经验公式来进行预测，存在人为因素，我们将数学软件 MATLAB 与有限元力学软件 ANSYS 相结合，实现了二元法裂缝预测的全部软件程序化，提高了计算效率，避免了人为误差，预测结果更为可信，并获得油田专家们的好评。

第 2 章 区域地质背景

塔里木盆地位于中国新疆维吾尔自治区南部，处在 74°～91°E 和 36°～42°N 之间，面积为 56×10^{4}km^2，是我国最大的内陆盆地。库车拗陷位于塔里木盆地北缘，北临南天山褶皱带，南抵塔北隆起，是一个中–新生代再生前陆盆地（赵文智等，1998；卢华复等，1999；贾承造，2004；王招明，2004；侯贵廷和潘文庆，2013）。库车拗陷近东西向延伸，东西长约 450km，南北宽 20～80km，面积约为 3×10^{4}km^2（图 2-1）。

王步清等（2009）根据盆地构造单元划分的原则，一级构造单元名称为隆起和拗陷；二级构造单元名称为凸起、凹陷、斜坡、冲断带和低凸起。根据此划分原则，库车拗陷为塔里木盆地的一级构造单元。

从北往南库车拗陷可划分为五个构造单元，依次为北部单斜带、克拉苏–依奇克里克构造带、拜城凹陷、阳霞凹陷和秋里塔格构造带（卢华复等，1999）（图 2-1）。拜城凹陷和阳霞凹陷是该区的生油凹陷，克拉苏–依奇克里克构造带和秋里塔格构造带是库车拗陷的主要含油气构造带，控制了该区油气近东西向带状分布，具有东西分段南北分带的特点（王招明，2004）。本书以库车县城和库车河为界，以东为库车拗陷东部，以西为库车拗陷西部。

2.1 地 层 概 况

库车拗陷的元古宇及古生界有零星出露且不完整。元古宇主要由石英云母片岩、碳质云母片岩、云母石英岩、结晶片岩、片麻岩组成，夹石英岩、砂岩及角闪岩，构成了库车拗陷的基底（王招明，2004）。古生界出露于库车拗陷以北，通常将南天山古生界的出现作为库车拗陷的北界。本书未涉及古生界。

库车拗陷出露完整的中、新生界（图 2-2）（王招明，2004；侯贵廷和潘文庆，2013）。三叠系、侏罗系发育致密岩层，主要为杂色砂泥互层并含煤系地层，而白垩系主要为一套氧化环境下的红色碎屑岩层系。

2.1.1 三叠系

库车地区的三叠系主要分布于库车拗陷的北部单斜带，地层出露良好，层序清楚，化石丰富，为一套陆相碎屑岩沉积，一般不整合于晚二叠世沉积岩或早二叠世喷发岩之上。与上覆侏罗系致密整合或平行不整合接触，厚度为 165～1500m。研究区发育的三叠系主要包括：俄霍布拉克组（T$_1$eh）、克拉玛依组（T$_{2-3}$kl）、黄山街组（T$_3$h）和塔里奇克组（T$_3$t）。

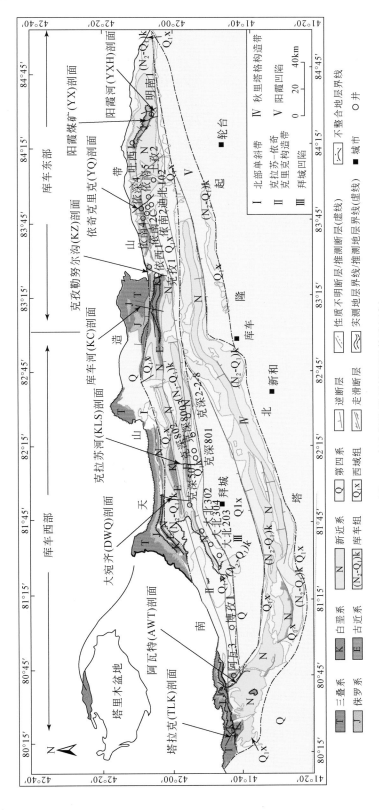

图2-1　库车拗陷地质简图及构造区划

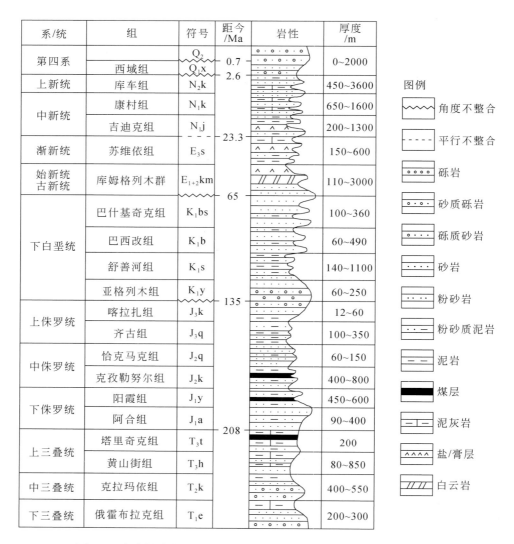

系/统	组	符号	距今/Ma	岩性	厚度/m
第四系		Q_2	0.7		0~2000
	西域组	Q_1x	2.6		
上新统	库车组	N_2k			450~3600
中新统	康村组	N_1k			650~1600
	吉迪克组	N_1j	23.3		200~1300
渐新统	苏维依组	E_3s			150~600
始新统 古新统	库姆格列木群	$E_{1+2}km$	65		110~3000
下白垩统	巴什基奇克组	K_1bs			100~360
	巴西改组	K_1b			60~490
	舒善河组	K_1s			140~1100
	亚格列木组	K_1y	135		60~250
上侏罗统	喀拉扎组	J_3k			12~60
	齐古组	J_3q			100~350
中侏罗统	恰克马克组	J_2q			60~150
	克孜勒努尔组	J_2k			400~800
下侏罗统	阳霞组	J_1y			450~600
	阿合组	J_1a	208		90~400
上三叠统	塔里奇克组	T_3t			200
	黄山街组	T_3h			80~850
中三叠统	克拉玛依组	T_2k			400~550
下三叠统	俄霍布拉克组	T_1e			200~300

图例

〰〰 角度不整合

- - - 平行不整合

○○○○ 砾岩

○·○·○ 砂质砾岩

○─·─○ 砾质砂岩

─·─·─ 砂岩

·─·─·─ 粉砂岩

··─··─ 粉砂质泥岩

─═─═ 泥岩

▬▬▬ 煤层

─⊥─ 泥灰岩

∧∧∧∧ 盐/膏层

▨▨ 白云岩

图 2-2　库车拗陷中–新生代地层综合柱状图（塔里木油田公司提供）

俄霍布拉克组（T_1eh）：主要岩性为两组灰绿色泥岩、砂岩和两组紫红色的砂、砾岩夹泥岩间互层，底部为一套灰褐色的底砾岩。该组的底界为一层灰褐色的块状砾岩与下伏的上二叠统比尤勒包谷孜群的红、绿色砂泥岩互层平行不整合接触。该组主要分布于库车县比尤勒包谷孜干沟至温宿县塔克拉克沟之间的北部单斜带。

克拉玛依组（$T_{2-3}kl$）：灰绿色的砂砾岩与泥岩不等厚互层。顶部具有一层具叠锥构造的黑色碳质泥岩，一般厚 40～90m，是区域对比的标志层，也是重要的烃源岩。该组分布范围与俄霍布拉克组相同，以克拉苏至卡普沙良北部单斜带的岩性最粗，向西岩性变细，厚度减薄；向东岩性变细，厚度变化不大。

黄山街组（T_3h）：黄山街组主要由两套由粗变细的沉积旋回组成，每个旋回底部为块状砂、砾岩，中上部为灰绿、灰黑色泥岩页岩、碳质泥岩夹薄层灰岩或灰岩透镜体，也是烃源岩。黄山街组主要见于库车拗陷西部的单斜带,在东部阳霞煤矿吐格尔明背斜核部有零星出露。该组在库车河与卡普沙良河之间厚度最大,向东西方向有减薄的趋势。

塔里奇克组（T_3t）：塔里奇克组主要由三个由粗至细的沉积旋回组成,主要岩性为灰白色砾岩、中粗粒长石石英砂岩、灰色砂质泥岩、泥质砂岩及黑色碳质页岩夹煤层（气源岩之一）和红色“火烧层”。塔里奇克组在库车拗陷的库车河剖面出露广泛,主要分布于克孜勒努尔沟至温宿县塔克拉克的北部单斜带和吐格尔明背斜的东高点。其厚度一般为200m左右,以库车河的塔里奇克组为最厚,向东向西厚度都减薄。

2.1.2 侏罗系

库车拗陷的侏罗系多数为致密地层,孔隙度和渗透率均较低,分布与三叠系大致相同,地层发育良好,层序清楚,化石丰富,为一套含煤陆相沉积,底与三叠系整合接触,顶与白垩系假整合接触,一般厚 1450~2072m。研究区发育的侏罗系主要包括：阿合组（J_1a）、阳霞组（J_1y）、克孜勒努尔组（J_2k）、恰克马克组（J_2q）、齐古组（J_3q）和喀拉扎组（J_3k）。

阿合组（J_1a）：浅灰、灰白色厚层–块状砾岩,含砾粗砂岩、粗砂岩,局部剖面夹灰、灰绿色中–细砂岩、灰黑色泥岩及煤线。阿合组砂岩是库车拗陷重要的致密砂岩储层,低孔低渗,发育裂缝。该组的底界为灰白色厚层–块状砂、砾岩与塔里奇克组顶部灰黑色泥岩、粉砂岩及煤线接触,界线清楚。两组在盆地内未见明显的不整合现象,在盆地东部边缘的库尔楚地区阿合组超覆塔里奇克组不整合于黄山街组之上。该组主要分布于库车拗陷西部的北单斜带和东部的吐格尔明东高点。该组在库车拗陷的中西部厚度较大,岩性相对较粗,其中以克拉苏河剖面岩性最粗,厚度最大（415m）,向东该组厚度变薄,向西岩性变细,厚度也逐渐变薄。

阳霞组（J_1y）：主要岩性为灰、灰白色砂、砾岩,灰色泥质粉砂岩和深灰、灰黑色粉砂质泥岩、泥（页）岩及煤线（层）组成多个正向韵律层,顶部具 30~60m 的黑色碳质页岩标志层。阳霞组主要岩性特征为一套含煤层系,是研究区煤矿的重要产煤层,其颜色宏观上呈灰色–黑色,顶部具黑色碳质泥岩标志层。该组的底界为灰、灰黑色中薄层状粉砂岩、泥岩、煤线与下伏阿合组灰、灰白色厚层–块状砂、砾岩整合接触,两组界线清楚。阳霞组的分布范围同阿合组一致,在阳霞和库车河地区厚度最大。

克孜勒努尔组（J_2k）：主要岩性为灰白–灰绿色细砾岩、含砾砂岩、砂岩与绿灰–灰黑色粉砂岩、泥页岩及煤层和煤线组成多个正向韵律层。该组的主要宏观特征颜色呈灰绿色,岩性上为一套含煤的韵律层,下部所夹煤层在有的地区可进行工业性开采。克孜勒努尔组的底界为灰、灰绿色砂、砾岩,粉砂岩、泥岩及煤线韵律层与下伏阳霞顶部碳质泥（页）岩标志层整合接触,界线十分清楚。克孜勒努尔组分布于库车拗陷西部的北单斜带和东部的吐格尔明背斜东高点,该组在库车河一带厚度最大,为773m；在阳霞煤矿的吐格尔明背斜厚度最小,为445m；该组在卡普沙良河地区岩性较细,其上段为砂、泥岩互层夹页岩。

恰克马克组（J_2q）：主要岩性为鲜绿、灰绿及紫色泥岩、砂质泥岩、粉砂岩夹砂岩,局部有深灰-灰黑色油页岩及泥灰岩。该组的主要特点是岩石颜色宏观呈绿色、鲜绿色，上部夹紫红色，为一套湖相沉积，含油页岩及成层的泥灰岩。恰克马克组的底界为灰-灰绿色细砂岩、泥岩与克孜勒努尔组的灰白色厚层-块状砂砾岩整合接触。恰克马克组分布于研究区西部的北单斜带及吐格尔明背斜北翼，一般厚度为280m。该组在东部岩性较粗，在西部岩性较细；在吐格尔明背斜为砂、砾岩与泥岩互层；在库车河一带为泥岩、粉砂质泥岩夹砂岩。

齐古组（J_3q）：主要岩性为红色泥岩局部带有灰绿色斑点，下部夹灰白、黄灰、灰绿色泥灰岩和钙质粉砂岩条带。该组岩性主要特点为一套红色泥岩沉积。齐古组底界为红色泥岩夹灰白、灰绿色钙质粉砂岩、泥岩与恰克马克组灰绿色泥岩、粉砂岩夹紫红色粉砂岩、泥岩整合接触。齐古组沉积比较稳定，分布于阿瓦特河至克孜勒努尔沟之间的北单斜带，克-依构造带的吐格尔明背斜、巴什基奇克背斜、依奇克里克断展褶皱的阿依库木沟一带。

喀拉扎组（J_3k）：岩性为褐红色薄-厚层状含钙质岩屑长石石英砂岩、细砾岩夹黄红、紫红色中-厚层状泥质粉砂岩、粉砂质泥岩。喀拉扎组的底界为褐红色薄-厚层状砂岩与下伏齐古组紫红色泥岩整合接触。喀拉扎组主要分布于卡普沙良河至克孜勒努尔沟之间的北单斜带及阳霞煤矿的吐格尔明背斜。该组在卡普沙良河一带最厚（63m），向东变薄。

2.1.3　白垩系

白垩系分布于库车拗陷中西部的北单斜带和克-依构造带部分地区。地层发育，层序清楚，主要为一套陆相紫红色碎屑岩沉积，与上覆古近系和新近系平行不整合或不整合接触；与下伏侏罗系致密喀拉扎组平行不整合接触，一般厚237～1679m。研究区白垩系主要包括：亚格列木组（K_1y）、舒善河组（K_1sh）、巴西盖组（K_1b）和巴什基奇克组（K_1bs）。

亚格列木组（K_1y）：下部为砾岩，上部为砂岩及含砾砂岩。该组主要特征是砾岩坚硬，地貌陡峭，似城墙状，故有"城墙砾岩"之称。亚格列木组底界为浅灰紫色块状砾岩与下伏喀拉扎组褐红色砂砾岩假整合（或不整合）接触，两组的砾岩区别在于亚格列木组砂砾岩胶结致密、坚硬、抗风化能力强，砾石较大；喀拉扎组砾岩胶结较差，宏观上呈软地貌，砾径小，两组之间有着十分明显的界面。亚格列木组主要分布于库车拗陷中西部的北单斜带，以及克-依构造带的库姆格列木、巴什基奇克、依奇克里克及吐格尔明背斜。岩性较稳定，厚度一般小于100m。

舒善河组（K_1sh）：岩性单一，以泥岩为主，下红色上杂色是舒善河组的主要特征，也是研究区重要的烃源岩。其主要岩性为：紫红、灰紫色粉砂质泥岩、泥岩、粉砂岩夹灰绿、黄绿色粉砂岩、细砂岩、粉砂质泥岩、泥岩；底部为灰色泥岩、页岩；岩石均不同程度含钙质。该组底界为灰、灰绿色泥（页）岩与下伏亚格列木组砂岩、含砾砂岩整合接触，界线清楚。岩石均含钙质。舒善河组分布范围同亚格列木组一致。

巴西盖组（K_1b）：主要岩性为黄灰、橘红色厚层-块状粉、细砂岩、粗砂岩夹同色含泥质粉砂岩、泥岩。该组主要特征为宏观上颜色呈黄褐色，岩性以砂岩为主。该组底界为块状黄褐色细砂岩与下伏舒善河组的红色泥岩夹砂岩整合接触。该组分布类似于舒善河组，在克-依构造带分布较舒善河组广泛，在库车河剖面以砂岩为主，在卡普沙良河剖面该组相变为泥岩夹砂岩。

巴什基奇克组（K_1bs）：主要岩性为上部粉红色厚层-块状中-细粒砂岩夹同色含砾砂岩、泥质粉砂岩、含钙质泥岩，下部为紫灰色厚层块状砾岩。该组上部为粉红色砂岩，是库车拗陷最重要的油气储层，在浅部为常规储层，在深部变成致密储层；上部发育粉红色砂岩而下部发育紫灰色砾岩是巴什基奇克组的主要特征。该组底界为紫灰色块状砾岩与下伏巴西盖组黄褐色块状砂岩假整合接触，界线清楚。该组出露较局限，仅见于克孜勒努尔沟至卡普沙良河之间，在库车河剖面有典型剖面。

2.1.4　古近系

库车拗陷古近系和新近系比中生界分布广泛，主要见于库车河以西的北部单斜带，克-依构造带及秋里塔格构造带，其最典型的特征是发育膏盐地层，直接覆盖在白垩系顶部的巴什基奇克组粉色砂岩之上。

库姆格列木群（$E_{1-2}km$）：主要岩性底部为灰白、浅灰色泥灰岩；下部为紫红色砂砾岩与同色泥岩、粉砂岩、石膏岩互层；上部为紫红色泥岩。库姆格列木群底部在库姆格列木、巴什基奇克背斜一带与巴什基奇克组平行不整合接触，在依奇克里克地区与舒善河组平行不整合接触。库姆格列木群在库车拗陷西部的卡普沙良地区到东部的克孜勒努尔沟之间的北单斜带均有出露，克-依背斜带的库姆格列木、依奇克里克、巴什基奇克亦见出露。

苏维依组（$E_{2-3}s$）：主要为一套红色的碎屑岩沉积。该组岩性变化较大，在北部单斜带主要为一套褐红色砾岩，在克-依构造带主要为褐红色砂岩、泥岩和少量砾岩沉积；在克拉苏河、卡普沙良河一带沉积中夹有膏盐沉积。苏维依组在吐格尔明背斜北翼塔拉克河和南翼的吐孜洛克沟，不整合在白垩系、侏罗系致密砂岩之上；其他剖面以褐红色砂岩或砾岩与库姆格列木群紫红色泥岩相接触。主要分布于克-依构造带。

2.1.5　新近系及第四系

吉迪克组（N_1j）：岩性变化较大，主要岩性为褐红色泥岩夹多层较厚的灰绿色泥岩条带，以及厚层的膏盐层，是库车拗陷新生界普遍发育的一套膏盐层。

康村组（N_1k）：岩性变化较大，在库车拗陷岩性整体上由北向南逐渐变细。在北部单斜带该组为棕红色砂砾岩，化石贫乏。向南在克-依构造带该组变为褐红色砂岩和同色泥岩互层，其下部局部夹灰绿色粉砂岩、砂质泥岩条带。在秋里塔克山区该组为棕褐、红色泥岩、砂岩互层，下部夹灰、灰绿色砂泥岩薄层。

库车组（N_2k）：库车组在库车拗陷中岩性变化大，总体呈由北至南岩性逐渐变细的变化趋势。在北部单斜带、克-依构造带的北分支，该组为黄灰色砾岩，往南至克-依构造带南分支则变为灰、黄灰色砂岩、粉砂质泥岩与砾岩互层。再向南至秋里塔格山区该组变为灰、绿灰色砂岩、砾岩与黄灰、褐灰色泥岩、粉砂质泥岩、泥质粉砂岩不等厚互层。

西域组（Q_1x）：褐灰色弱成岩的块状砾石层。在该区主要分布在阶地上呈水平层状，在野外比较醒目，是第四系的标志层。

乌苏组（Q_2ws）：漂砾–砾石层、含岩块–漂砾的砂质黏土层。

上更新统–全新统（Q_{3-4}）：松散砾石层、含岩块及漂砾、砂质黏土、亚砂土、亚黏土、未分选的岩块及黏土等。

2.2　区域地质演化

前人通过对库车拗陷及邻区沉积与构造的研究，恢复并重建了库车拗陷的区域地质演化历史（贾承造，1997；杨庚和钱祥麟，1995a；卢华复等，1999；刘和甫等，2000；汪新等，2002；张光亚和薛良清，2002；何登发等，2009）。总体上，认为库车拗陷是塔里木盆地北缘的一个新生代再生前陆盆地（卢华复等，1999）；确切地说，库车拗陷不是一个典型的前陆盆地，而是新生代天山板内造山带南麓的一个山前陆内挠曲盆地（杨庚和钱祥麟，1995a）。库车拗陷划分为六个演化阶段：南华—震旦纪库车拗陷基底形成阶段、寒武纪—早奥陶世被动大陆边缘阶段、中奥陶世—石炭纪活动大陆边缘及造山阶段、二叠纪裂谷期和二叠纪末—三叠纪挤压阶段（第一次板内造山）、侏罗纪—古近纪湖盆发育阶段、新近纪—第四纪山前挠曲盆地发育阶段（第二次板内造山）（Ju and Hou，2014；Ju et al.，2014）（图2-2和图2-3）。

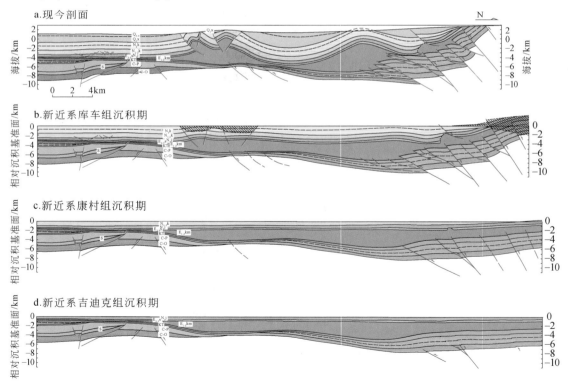

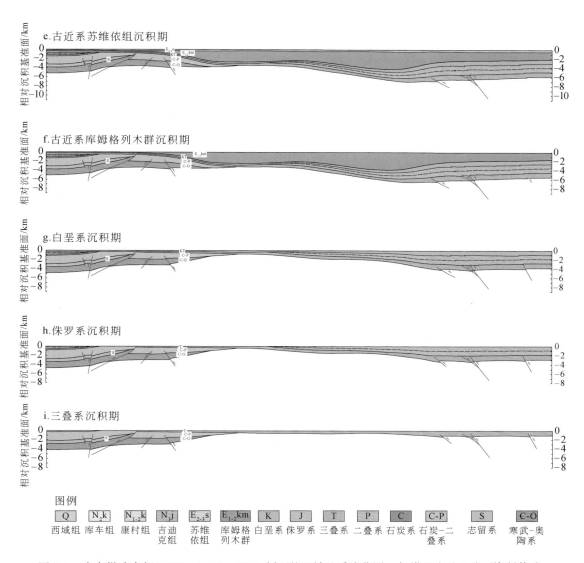

图 2-3　库车拗陷中部 DB3D—QL07—YT02 剖面的区域地质演化图（据塔里木油田公司资料修改）

南华—震旦纪库车拗陷基底形成阶段：震旦纪时，中国西部的各古板块发生裂解，在塔里木地块、中天山-哈萨克斯坦地块、准噶尔地块之间发育陆内裂谷及陆间裂谷。在此阶段塔里木地台沉积逐渐发育，形成了盆地基底。

寒武纪—早奥陶世被动大陆边缘阶段：随着地块的进一步裂解，塔里木地块、中天山-哈萨克斯坦地块和准噶尔地块相互分离，最终形成南、北天山洋盆。这个时期库车拗陷处于被动大陆边缘，发育碳酸盐岩、泥质岩及硅质岩。

中奥陶世—石炭纪活动大陆边缘及造山阶段：中奥陶世至泥盆纪，属于古特提斯洋一部分的南、北天山洋开始俯冲于中天山-哈萨克斯坦板块之下，石炭纪天山洋盆逐渐消减直至关闭，形成横亘于塔里木板块、中天山-哈萨克斯坦板块及准噶尔板块之间的造山带，南天山北缘从长阿吾子至库米什一线分布一系列基性、超基性岩带。这表明早古生代末—晚古生代初南天山洋开始消失。石炭纪厚层砾岩、砂砾岩及粗砂岩，代表了碰撞造山带形成时期的磨拉石前陆盆地的充填。晚石炭世在天山广泛发育造山后伸展型碱性花岗岩，表明晚石炭世天山及邻区进入后造山伸展阶段（韩宝福等，2006；郭召杰，2012）。

二叠纪—三叠纪板内造山阶段：二叠纪塔里木盆地及邻区广泛发育溢流玄武岩，构成大火成岩省，为板内伸展的裂谷环境（杨树锋等，2014）。二叠纪末塔里木盆地北部存在一期挤压活动，导致二叠纪的裂谷消亡，这是塔里木盆地北缘发生的第一次板内造山作用（Ju and Hou，2014）。三叠纪库车拗陷自北向南发育冲积扇相、河流相、三角洲相及湖相的沉积旋回，类似前陆盆地沉积。

侏罗纪—古近纪湖盆发育阶段：此阶段库车拗陷的沉积过程在纵向上经历了三个阶段连续沉积及三次沉积间断（图2-2），没有火山活动，断裂也不发育。在横向上表现为湖盆扩大—萎缩—再扩大—再萎缩—海侵，反映此阶段构造上为宁静期及南天山山系逐渐夷平的特点。

本阶段库车拗陷沉积相的展布总体上仍平行南天山山系走向分布，盆地沉积中心及沉降中心位于拗陷的中北部，在剖面上为一个北厚南薄的湖盆，并在古近纪发展为盐湖，发育膏盐层（图2-3）。从砂岩骨架成分分析及物源区构造背景判别，反映物质供给主要来自天山造山带。

新近纪—第四纪陆内再生前陆盆地发育阶段：自新近纪以来，印度板块与欧亚大陆碰撞的远程挤压效应导致上新世以来天山山系急剧隆升，再次发生陆内造山运动。库车–塔北地区受天山陆内造山活动及向盆地方向的冲断推覆负荷的影响，沉降中心随着冲断活动不断向南迁移，最终发育形成沉降中心紧邻山前，向南呈叠瓦式冲断的"再生前陆盆地"，或称之为山前挠曲盆地（图2-2和图2-3）。

新生代晚期，库车拗陷沿山前发育一系列冲积扇群，自北向南按洪（冲）积扇相—辫状河相—滨浅湖相有规律展布。山前新近系厚达6000～7000m，向南减至1000m，剖面上表现为不对称的楔体。第四系主要为山麓冲积扇和洪积扇堆积，厚达2000m左右。下更新统西域组砾岩普遍变形，与中更新统乌苏群为角度不整合接触。乌恰地区西域砾石层被抬升到海拔3000m以上的山坡上，表明库车拗陷自喜马拉雅晚期（8Ma）以来构造活动非常强烈。由于印度板块与欧亚大陆碰撞的远程挤压效应导致库车拗陷的南北向缩短作用，该时期（8Ma以来）是形成库车拗陷大规模山前冲断构造带的最主要时期。这个时期也是库车拗陷构造沉降速率最大的时期（图2-2和图2-3）。

2.3　构　造　特　征

库车拗陷作为一个陆内"再生前陆盆地"（或称山前挠曲盆地），位于天山板内造山带南缘，发育类前陆的冲断构造，由一系列叠瓦状冲断背斜组成（图2-3）。由于在古近系和新近系发育一套厚层的膏盐层，在侏罗系发育一套煤系地层，在这两个区域性滑脱面作用下，库车拗陷的冲断构造带分三个构造层次：盐上构造层、盐下构造层和煤下基底构造层。下面重点介绍盐岩层和盐下构造变形特征。

2.3.1　盐岩分布特征

库车拗陷的地层垂向上可分为盐上地层（supra-salt）、盐岩层（rock salt）和盐下地层（sub-salt）。盐岩层，指具有塑性或者韧性变形特征的蒸发岩体，一般为盐岩、硫酸盐（石膏、硬石膏）、黏土、有机物和铁矿物等的混合物（Jackson and Talbot，1991；Jackson et al.，1994；Hudec and Jackson，2007），纯者无色，因所含混入物不同而呈灰色、褐色、红色和蓝色等颜色（冯增昭，1994）。库车拗陷的盐岩多数呈褐色或棕红色。

盐上地层，一般是位于盐岩层之上或者说沉积于盐岩层之后（post-salt）的地层总称；盐下地层，一般是位于盐岩层之下或者说沉积于盐岩层之前（pre-salt）的地层总称。库车拗陷的盐下层主要由三叠系、侏罗系、下白垩统组成（图 2-2），盐岩层由古近系古新统–始新统库姆格列木组膏盐岩或中新统吉迪克组膏盐岩组成，盐上层由中新统康村组（N_1k）、上新统库车组（N_2k）和第四系（Q）组成，主要是砂泥岩和砾岩，沉积物粒度由下而上变粗。

库车拗陷共发育两套盐岩层，即分布在库车拗陷西部的古新统–始新统库姆格列木群（$E_{1-2}km$）膏盐岩和分布在库车拗陷东段的中新统吉迪克组（N_1j）膏盐岩（Chen et al.，2004；Wang et al.，2011）。

古近系库姆格列木群膏盐层主要由盐岩、硬石膏岩、泥岩、泥灰岩、膏质泥岩、白云岩、膏质白云岩、粉砂质泥岩、泥质粉砂岩等组成，底部为含砾砂岩，该群厚度一般为150～1000m，局部因盐流动增厚到 6000m 以上。该组膏盐岩主要分布于库车前陆盆地中、西部，受南北向挤压应力的影响，在北部单斜带中段、克依构造带中段和秋里塔克背斜带的西南段分别形成盐岩的厚度中心（王洪浩等，2016）。钻井资料显示，在厚层盐的中部存在钾石盐残晶、杂卤石、无水芒硝、氯化钙等蒸发盐类矿物，说明此时属炎热干旱气候，海水蒸发浓缩快速达到石盐饱和结晶阶段，后期干旱继续，局部地区出现杂卤石、芒硝，甚至光卤石（邢万里等，2013）。

新近系吉迪克组膏盐层岩性为中厚层状膏岩、膏泥岩夹薄层粉砂岩，下部粉砂岩、砂岩夹层增多，膏质层厚度可大于2000m。膏盐层主要分布于盆地东部，集中于秋里塔克背斜带东部延伸带，是东部主要区域盖层；盆地北部因遭受剥蚀，吉迪克组膏盐层残余厚度较薄（王洪浩等，2016）。

这两套盐岩主要聚集在克拉苏–依奇克里克构造带和秋里塔格构造带中，最大厚度可达 5000～6000m（图 2-4）。区域内膏盐岩增厚区域多呈 NEE—SWW 走向，反映由北向南的区域挤压作用对于整个拗陷内盐构造分布的影响，在中东部地区表现尤其明显（王洪浩等，2016）。

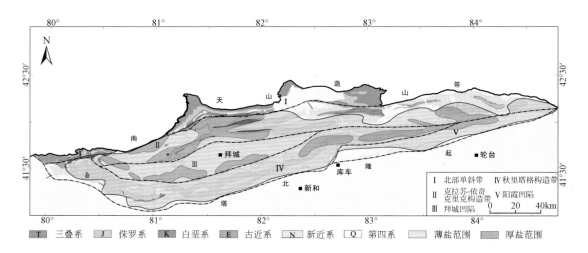

图 2-4　库车前陆盆地古近系–新近系膏盐岩分布图（据王洪浩等，2016，简化）

2.3.2　构造变形特征

　　喜马拉雅运动是库车拗陷构造形成的主要动力，其中喜马拉雅中晚期的构造运动对该区构造变形与最终定型起决定性作用（贾承造，1997；刘志宏等，2000），使得库车拗陷山前构造带具有类前陆的冲断变形特征，发育一系列规模不一的北倾逆冲断裂，形成叠瓦状逆冲推覆构造（图 2-5），在地表出露了一系列枢纽近东西走向的背斜构造（杨庚和钱祥麟，1995b；王家豪等，2007；图 2-1）。

　　库车前陆冲断带构造变形具有"南北分带、东西分段"的特征。从北向南依次发育了北部单斜带、克拉苏-依奇克里克带、拜城-阳霞凹陷带和秋里塔格构造带；从西向东依次为博孜段、大北段、克拉苏段和依奇克里克段。由于盐岩层在浅地壳的地层压力和温度下表现为极其软弱的力学性质，因此，盐岩层的存在是库车拗陷内的变形程度存在"南北分带、东西分段"差异性的主要原因（Dan and Englder，1985）。

　　库车拗陷发育的两套巨厚盐岩层，在喜马拉雅晚期强烈构造运动的作用下，发育了类型十分丰富的盐相关构造，成为仅次于伊朗的世界上第二大典型的地表盐构造区。库车盐构造的类型主要有盐背斜、盐丘、盐墙、盐枕和盐脊等（图 2-5）。其中的克拉苏-依奇克里克构造带和秋里塔格构造带的盐构造最为发育，而北部单斜带、拜城拗陷和阳霞拗陷，盐构造则相对不发育。

　　另外，受盐岩层的影响，垂向上还具有"上下分层"的特征（李艳友和漆家福，2012，2013）（图 2-5）。库车拗陷的构造变形特征、变形机制和变形序列受到盆地内发育的两套盐岩层的展布和活动所控制，导致了盐上与盐下构造形态的显著差异（贾进斗，2006；邬光辉等，2007）。盐岩作为软弱层，起到协调盐上和盐下变形的作用。盐上构造以较单一的断层相关褶皱为主，而盐下构造则以紧密排列的叠瓦状冲断构造为主（尹宏伟等，2011）。

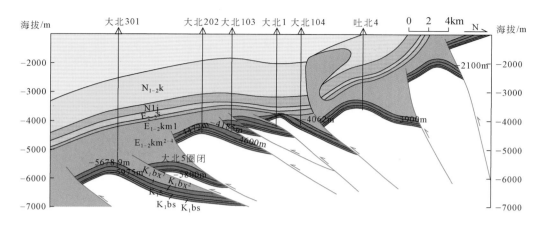

图 2-5　库车拗陷中西部过大北 1 井南北向剖面（塔里木油田公司提供）

2.4　区域构造应力场解析

区域构造应力场是控制宏观裂缝发育的重要因素。对库车拗陷进行区域构造应力场恢复将为后续研究构造裂缝的力学性质、发育特征、分布规律和裂缝形成机制及其定量预测奠定基础。

古构造应力场研究的基本原理就是利用岩石中已经存在的构造变形特征来反演形变作用发生时的构造应力状态，而这些可以被利用的构造变形行迹称为应力感构造（万天丰，1988；侯贵廷和潘文庆，2013）。应力感构造包括节理、褶皱、断层、擦痕、构造线理等（万天丰，1988；张仲培等，2006；侯贵廷和潘文庆，2013），并且已经广泛应用于区域构造应力场的重建（Ramsay and Huber，1987；Delvaux et al.，1995；Delvaux and Sperner，2003）。

针对库车拗陷构造应力场，张仲培和王清晨（2004）运用节理及剪切破裂对古应力场进行研究，张明利等（2004）利用岩石声发射法进行了构造期次的测定。本书通过对库车拗陷野外实测的各类应力感数据的统计分析，对库车拗陷喜马拉雅晚期构造应力场进行恢复重建。

库车拗陷全区野外 17 个测点共获得 385 个应力感数据，包括：褶皱两翼产状数据、共轭节理数据和断层擦痕数据（图 2-6）。褶皱数据来自库姆格列木背斜、库如力向斜、依奇克里克背斜和吐格尔明背斜。断层和共轭节理数据主要采集自塔拉克、阿瓦特、克拉苏河、克孜勒努尔沟、依奇克里克、阳霞河等剖面。应力感数据采集的层位主要是三叠纪以来的中-新生代地层。

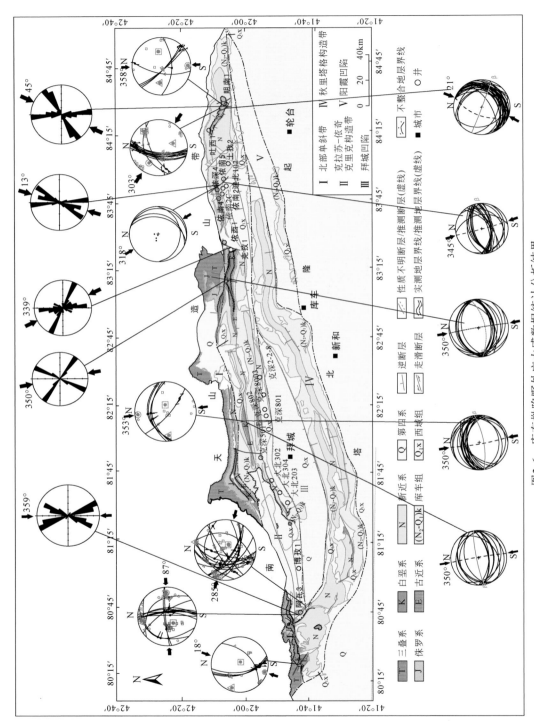

图2-6　库车拗陷野外应力感数据统计分析结果

上图.共轭节理；中图.断层擦痕；下图.褶皱β图解；箭头指示区域最大主压应力方向

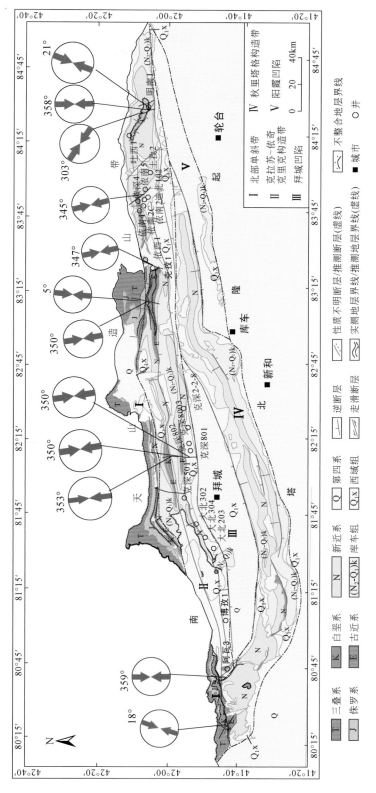

图2-7　库车拗陷新生代晚期区域最大主压应力方向重建图(郑淳方等,2016)

　　将以上几种应力感数据进行综合处理，得到库车拗陷全区的新生代晚期最大主压应力方向恢复结果（图2-7）。结果表明，库车新生代晚期的最大主压应力优势方位为近南北向（北北西或北北东）。在库车中部，最大主压应力方向为北北西向，反映了在印度板块持续向北挤压的远程效应影响下天山板内造山带南侧存在近南北向的挤压作用，表明该区的新生代晚期应力场与青藏高原周缘的区域应力场是一致的。在库车拗陷东缘的阳霞河剖面，由于拗陷边缘效应，可能受到局部应力场的影响而略有偏转。

　　曾联波等（2004）和张明利等（2004）通过岩石声发射实验测定得到库车拗陷主要挤压作用时期的有效古应力值，燕山晚期平均最大有效古应力值为39.3MPa，喜马拉雅早期为55.7MPa，喜马拉雅中期为63.6MPa，喜马拉雅晚期为79.4MPa（曾联波等，2004），反映出喜马拉雅晚期（8Ma以来）是库车拗陷区域挤压作用最强烈的时期，最终形成了库车拗陷"南北分带、东西分段"的构造格局，尤其在山前发育近东西向展布，向南逆冲叠瓦推覆的"克拉苏–依奇克里克构造带"（Ⅲ构造带）（图2-7）。

第3章 构造裂缝发育特征及分布规律

库车拗陷的主要储层位于盐下地层。盐下的下白垩统巴什基齐克组砂岩是库车拗陷西部的主要储集层,下侏罗统阿合组致密砂岩是库车拗陷东部的主要储集层(贾承造等,2002;曾联波和周天伟,2004)。

克拉苏–依奇克里克构造带深部发育的巴什基齐克组砂岩储层物性以低孔超低渗为主,孔隙度平均为 6.7%,渗透率为 $(0.01 \sim 1.0) \times 10^{-3} \ \mu m^2$(雷刚林等,2007;张惠良等,2014);克拉苏–依奇克里克构造带深部的阿合组砂岩储层物性也以低孔低渗为主,孔隙度平均为 4% ~ 12%,平均为 7.4%,渗透率平均为 $(0.1 \sim 10) \times 10^{-3} \ \mu m^2$(王根海和寿建峰,2001;林潼等,2014)。这两套深部储层都属于致密砂岩储层,均发育裂缝,是库车拗陷大北、克深和迪北等地区致密砂岩气藏的显著特征(贾进华和薛良清,2002;杨帆等,2002;刘春等,2009;杜金虎等,2012;杨锋等,2013;琚岩等,2014;王珂等,2015;姜振学等,2015)。因此,研究库车拗陷致密储层裂缝的发育特征与分布规律,对指导该区致密油气勘探有重要意义。

直接观测野外和岩心裂缝产状、密度、开度、充填程度和充填物成分等参数,并进行统计分析,寻找和发现裂缝参数与地质条件之间的相互联系,是研究储集层裂缝发育程度和规律的第一手资料。本书的研究对象是库车拗陷的上三叠统到古近系砂岩段,尤其以致密砂岩为重点研究对象。研究范围主要位于库车拗陷的克拉苏–依奇克里克构造带及北部单斜带,以库车县城和库车河为界,将研究区分为东西两部分(图2-1)。从西到东,野外实际考察和测量了库车拗陷西部的塔拉克(TLK)、阿瓦特河(AWT)、大宛齐煤矿(DWQ)和克拉苏河(KLS)剖面,以及库车拗陷东部的库车河(KC)、克孜勒努尔沟(KZ)、依奇克里克(YQ)、阳霞煤矿(YX)和阳霞河(YXH)等十余条野外剖面(图2-1),测量获得了 21176 个构造裂缝测量数据。从西到东观察了库车拗陷的阿瓦 3、克深 801 和依南 2 等共 21 口取心井(图2-1),对 2783m 岩心段进行观察统计,测量获得了 12184 个岩心构造裂缝数据。

3.1 构造裂缝的识别与测量

构造裂缝是在应力场作用下超过了岩石的屈服强度而在岩石中产生的破裂,形成了两个失去表面结合力的地质界面,断层也属于裂缝的一种,狭义上的构造裂缝是没有明显断距的破裂,就是构造地质学中的"节理"(Pollard and Aydin,1988)。构造裂缝的分布具有一定的时空规律性,通常具有多个平行组系,成组出现且分布广泛,可发育于不同岩性,穿层或穿多层,裂缝延伸长且走向稳定(图3-1a),分支少,裂缝面上可以有擦痕、阶步等现象。而非构造裂缝主要包括成岩缝(图3-1b)、层间缝、压溶缝、溶蚀缝、滑塌缝、风化缝、人工缝(钻井扭动成因缝或采心人工缝)等(Van Golf-Racht,1982)。

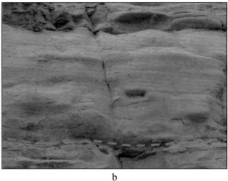

图 3-1　库车野外典型构造裂缝和非构造裂缝

a. 阿瓦特剖面构造剪裂缝；b. 库车河剖面的非构造裂缝（成岩作用形成的层理缝：红色虚线）

　　按力学性质，构造裂缝可进一步划分为张性裂缝、张剪性裂缝、剪性裂缝、压剪性裂缝和压性裂缝，通常纯粹的张性裂缝和压性裂缝较少见，多数为剪性裂缝或张剪性裂缝。其中，张性裂缝是裂缝两盘间仅存在沿裂缝面法向伸展变形的裂缝；张剪性裂缝是裂缝两盘沿裂缝面存在法向张应变，且沿裂缝面存在切向剪应变的裂缝；剪性裂缝是裂缝两盘仅存在沿裂缝面切向剪应变的裂缝；压剪性裂缝是裂缝两盘沿裂缝面存在法向压应变，且沿裂缝面切向存在剪应变的裂缝。张裂缝产状不稳定，延伸短，常绕开碎屑颗粒发育，开度较大，易被充填；剪裂缝的产状稳定，延伸较远，平直光滑，可切穿碎屑颗粒或矿物，开度较小；压性裂缝通常表现为波浪状、透镜状和劈理性质，开度很小，不易被充填（朱志澄和宋鸿林，1990）。不同地质历史时期下的构造应力场环境不尽相同，形成的多期构造裂缝因而彼此相交、切割或改造，可以形成裂缝网络，有利于将致密砂岩孔隙连接起来，提高致密砂岩的储集性（侯贵廷，1994）。

　　构造裂缝的识别和定量表征是裂缝地质建模和裂缝型油气藏勘探开发的基础工作。针对构造裂缝的主要特征，通过 8 个参数来定量表征构造裂缝的大小、方向、种类和发育程度等，包括：裂缝的性质、产状（走向、倾角）、密度、强度、开度、充填程度和充填物。在构造裂缝的表征参数中，裂缝的产状和密度对裂缝型储层的评价最重要。

　　裂缝的性质：主要指裂缝形成时的力学性质。多数构造裂缝为剪裂缝和张剪裂缝，其次为张裂缝，通常剪裂缝呈共轭节理形式出现，但岩层的非均质性通常可以抑制其中一组发育，而只发育另一组剪裂缝。

　　裂缝的产状：裂缝的产状包括倾向和倾角，在裂缝面不易测量的情况下，通常只有裂缝的走向，可以编制某剖面或测量面的裂缝走向玫瑰图，反映该剖面或测量面上构造裂缝的优势方位。裂缝的倾角，根据裂缝与水平面的夹角分为四个类别：水平缝（0°~15°）、低角度缝（15°~45°）、高角度缝（45°~75°）和垂直缝（75°~90°）。根据裂缝与地层的夹角也可以划分为：顺层缝（0°~15°）、低角度斜交缝（15°~45°）、高角度斜交缝（45°~75°）和正交缝（75°~90°）。

　　裂缝的开度：指裂缝的张开度或宽度，由裂缝壁之间的距离来表示，单位通常用毫米（mm），多数为 0~2mm，少数可达 5mm 以上。岩心裂缝的开度普遍低于野外裂缝的开度。

　　裂缝的密度：在定量表征构造裂缝发育程度时，常用到裂缝密度作为表征参数。裂缝密度包括线密度、面密度和体密度三种，单位均为 m^{-1}。本次研究采用面密度来表征裂缝密度，相对而言，面密度既容易测量，又能较完整地反映裂缝的发育程度，而线密度误差较大，体密度难于测量。面密度是某测量截面上所有裂缝的长度之和与测量截面面积的比值，表达式如下：

$$f = \frac{\sum l_i}{S} \tag{3-1}$$

式中，f 为裂缝面密度（m^{-1}）；$\sum l_i$ 为某测量面上所有裂缝的长度之和（m）；S 为测量截面面积（m^2）。

　　对于岩心而言，其裂缝面密度可用如下公式表示：

$$f = \frac{\sum l_i}{S} = \sum l_i / (2\pi r^2 + 2\pi r \times L) \tag{3-2}$$

式中，r 为岩心半径（m）；L 为岩心长度（m）；S 为测量岩心的表面积（m^2）。

　　裂缝面密度的大小反映岩石的截面上裂缝发育的程度，面密度越大，表明裂缝越发育。

　　当评价一套地层的岩心裂缝发育程度时，采用加权的裂缝密度（f_w）来表示，其表示公式为

$$f_w = \frac{\sum f_i \times L}{L_t} \tag{3-3}$$

式中，f_i 为单个岩心的裂缝面密度；L 为每一个岩心的长度；L_t 为岩心长度之和。

　　裂缝的强度：裂缝的强度与各层位的岩性、厚度和构造有关。裂缝强度为裂缝密度与裂缝穿层的厚度频率的比值，为无量纲单位，表达式如下：

$$I = \frac{f}{l} = \frac{f \times t}{n} \tag{3-4}$$

式中，I 为构造裂缝强度；f 为构造裂缝面密度（m^{-1}）；l 为厚度频率（m^{-1}）；n 为裂缝的穿层数目；t 为裂缝的穿层厚度（m）。裂缝的强度反映了裂缝的穿层性，裂缝强度越大，表明地层的裂缝越发育，穿层也越厚。

　　裂缝的充填性：包括完全充填、半充填和未充填三种情况。裂缝充填性的不同，直接反映了裂缝的储集有效性的好坏，一般将完全充填的裂缝称为无效裂缝，而将未充填和半充填的裂缝定义为有效裂缝。

　　裂缝的充填物：主要指裂缝充填物的成分，如方解石充填、硅质充填、泥质充填、碳质充填和铁质充填等。硅质充填通常难以后期处理掉，而其他充填物质比较容易处理后将无效裂缝变成有效裂缝。

3.2　构造裂缝发育特征及分布规律

　　前人对于库车坳陷的构造裂缝已经做了一些研究，但大多数集中在局部区块（王俊鹏等，2014；李世川等，2012；张博等，2011），或特定的层位（于璇等，2016a；张惠良等，

2014；吴永平等，2011），对于整个库车拗陷山前冲断带的构造裂缝发育特征和分布规律缺乏系统性的研究。本书通过针对库车拗陷山前冲断带的野外露头和井下岩心构造裂缝的实际观测和统计分析，对该区构造裂缝的发育特征和区域分布规律进行了系统性的研究和总结。

3.2.1　裂缝性质与产状

根据库车拗陷山前冲断带的露头和岩心观察，从裂缝力学性质判断，该区构造裂缝以剪性裂缝和张剪性裂缝为主（图 3-2a、b 和图 3-3a～c），张裂缝为辅（图 3-2c）。

图 3-2　库车拗陷野外露头构造裂缝照片

a. 阳霞河剖面（YXH1）下侏罗统阿合组砂岩共轭剪裂缝，未充填；b. 阿瓦特剖面（AWT1）下白垩统巴西盖组粉砂岩，羽列的张剪性裂缝，半充填；c. 阿瓦特剖面（AWT1）下白垩统巴西盖组砂岩，雁列的张裂缝，充填方解石；d. 克拉苏河剖面（KLS2）古近系泥质粉砂岩剪裂缝照片，未充填

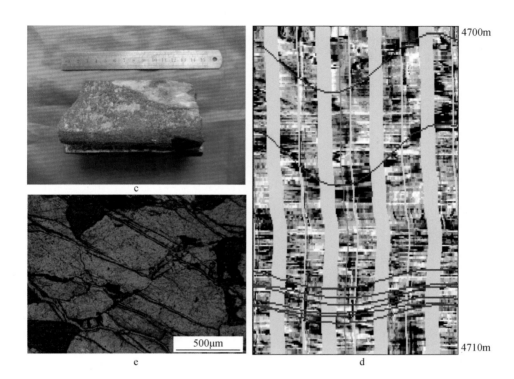

图 3-3 库车拗陷岩心、薄片和成像测井图像的构造裂缝

a. 岩心构造裂缝，克深 802 井，7360.00～7360.17m，粉砂岩，高角度剪性裂缝，半充填方解石；b. 岩心构造裂缝，克深 2-2-8 井，6812.72～6812.96m，细砂岩，高角度羽列张剪性裂缝，充填膏盐；c. 岩心构造裂缝，6741.70～6741.88m，中砂岩，钙质半充填的雁列的张裂缝；d. 成像测井图像的构造裂缝，迪北 104 井，深度 4700.0～4710.0m，2 条高角度构造裂缝和 6 条密集发育的低角度构造裂缝；e. 显微裂缝照片，依南 4 井，深度 4001.78m，7条显微张裂缝和张剪裂缝平行发育

根据库车拗陷山前冲断带的野外构造裂缝走向玫瑰图分析，研究区构造裂缝走向优势方位主要分为三组：北北东向、北东向和北北西向（图 3-4），其中，北北东向裂缝最发育，这与前人的研究成果较为一致（张仲培等，2006）。研究区构造裂缝的发育主要受区域构造和局部构造控制。库车拗陷新生代应力场的最大主压应力方向为近南北向（郑淳方等，2016），区域构造控制的裂缝走向总体上以北北东向为主，与新生代近南北向的最大主压应力方向呈小锐角，而局部发育的裂缝受局部构造的控制，因而走向具有多个方位。

库车拗陷山前冲断带野外和岩心构造裂缝倾角总体以>45°的高角度缝和垂直缝为主（图 3-5 和图 3-6），从成像测井图像（FMI）的构造裂缝识别上也可以看出岩心主要发育高角度构造裂缝（图 3-3d）。岩心的构造裂缝在库车拗陷西部以高角度和垂直缝为主，而在东部以高角度缝和中低角度缝为主，尤其在背斜枢纽上以高角度缝和垂直缝为主，而翼部的裂缝倾角略小。将地层恢复到水平状态之后，野外裂缝倾角整体上还是以高角度缝和垂直缝为主，低角度缝和水平缝所占比例很小（图 3-5 和图 3-6）。

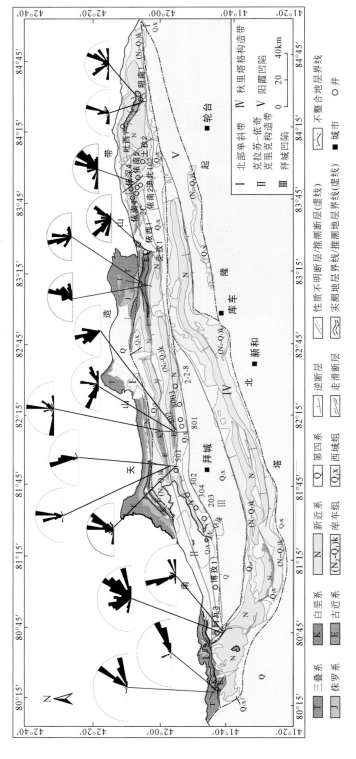

图3-4 库车拗陷山前冲断构造裂缝走向玫瑰花区域分布

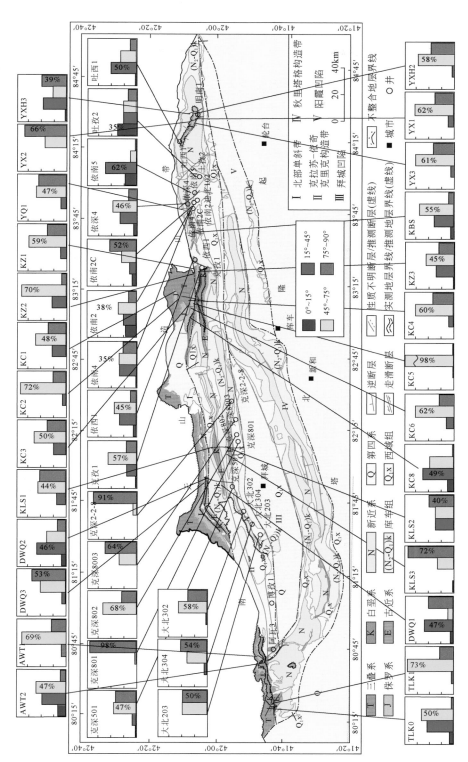

图3-5　库车全区野外各剖面构造裂缝倾角(地层水平校正后)分布图

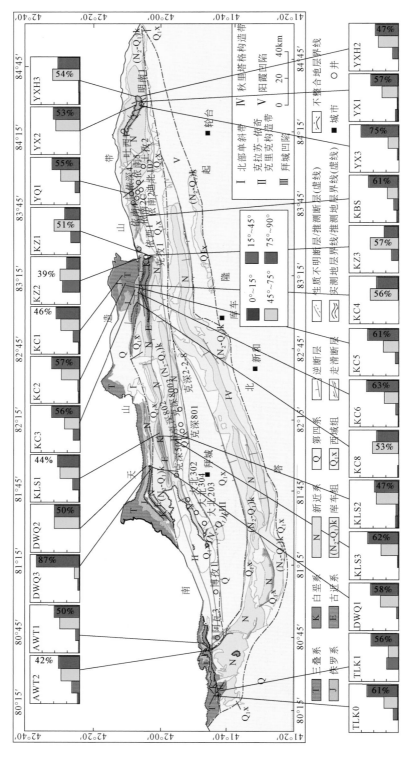

图3-6 库车拗陷岩心的构造裂缝倾角分布图

3.2.2　裂缝密度与强度

将各测量剖面和各取心井的裂缝测量统计数据投到库车拗陷地质图上，可见库车拗陷山前冲断带的构造裂缝面密度分布规律与拗陷构造格局类似呈现出"东西分段，南北分带"的特点（图 3-7），说明研究区构造裂缝的分布受构造格局和变形强度的影响。整体上，库车东部的构造裂缝面密度比西部的构造裂缝面密度值要大。南部克拉苏-依奇克里克构造带的构造裂缝面密度值要比北部单斜带的构造裂缝面密度值要大。整体受区域构造分带控制，局部受具体构造控制。同一构造带内，东部的克孜勒努尔剖面-阳霞煤矿剖面比西部的大宛齐和克拉苏剖面的构造裂缝面密度值要大（图 3-7 和图 3-8）。

将各剖面按照地层来统计裂缝密度后发现，库车拗陷野外露头区东部的三叠系塔里奇克组和侏罗系致密的阿合组裂缝最为发育，西部的白垩系和古近系的裂缝相对比其他地层更发育（图 3-7）。在对库车拗陷各井岩心的构造裂缝面密度统计中发现阿合组和巴什基齐克组岩心的构造裂缝最为发育（图 3-8）。库车拗陷的中部岩心裂缝比东西两侧发育，即克拉苏-依奇克里克构造带中部的裂缝较为发育。这可能与库车拗陷中部构造较为强烈有关系，符合构造作用的"弓箭法则"（克拉苏-依奇克里克构造带的中段发育 3～4 排构造，而东段和西段仅发育 1 排构造）（图 3-8）。

库车拗陷构造裂缝强度值分布呈现中间大、东西两端小的特点（图 3-9）。南部克拉苏-依奇克里克构造带的构造裂缝强度值要比北部单斜带的强度值要大，表明克拉苏-依奇克里克构造带受到的构造变形要强于北部单斜带。将各剖面按照地层来统计裂缝强度后发现，库车西部的白垩系和古近系的裂缝强度整体较高；而在库车东部，侏罗系致密阿合组及三叠系的裂缝强度要高于其他地层（图 3-9）。总之，由于裂缝强度反映的是穿层的能力，主要与构造作用强度有关，因而断背斜十分发育的克拉苏-依奇克里克构造带的裂缝强度和密度整体上较高，是构造裂缝较发育的构造带。

3.2.3　裂缝开度

由于库车拗陷内绝大多数裂缝为剪性裂缝，少数为张裂缝，因此库车拗陷野外构造裂缝的开度往往较小，多集中在 0～5mm 范围内，仅在少数张裂缝发育区，裂缝开度大于 5mm（图 3-10a）。全区野外构造裂缝开度为 2.0～5.0mm 最为发育，占总裂缝条数的 35%，1.0～2.0mm 区间内的占 23%，二者共占全区的 58%，是研究区构造裂缝开度最为集中的范围。库车拗陷西部开度为 0～1.0mm 的裂缝占裂缝总条数的 67%，为库车拗陷西部裂缝开度的主要分布区间。库车拗陷东部的构造裂缝开度为 2.0～5.0mm 最为发育，占 45%；开度≥1.0mm 的构造裂缝可达 93%，代表库车拗陷东部裂缝开度的主要分布区间（图 3-10a）。

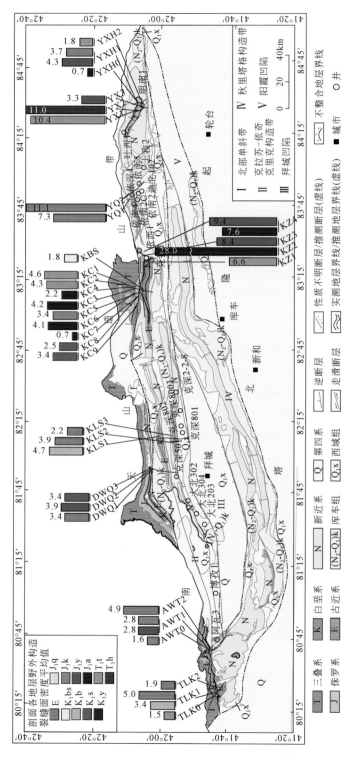

图3-7 库车拗陷野外各剖面构造裂缝面密度分布图

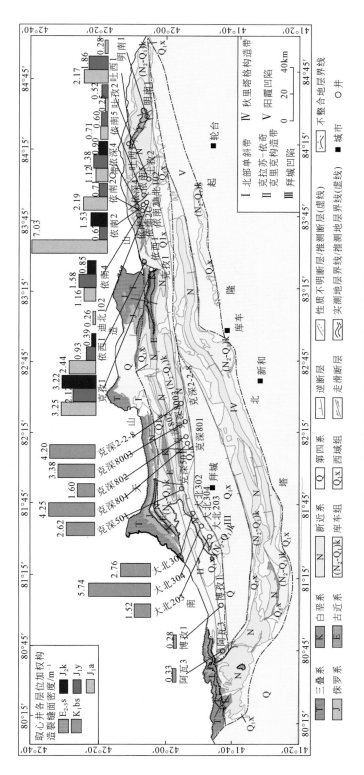

图3-8　库车拗陷岩心构造裂缝面密度分布图

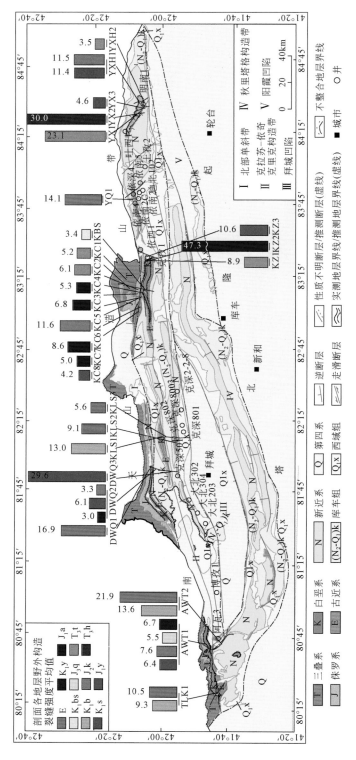

图3-9 库车全区各剖面野外构造裂缝强度分布图

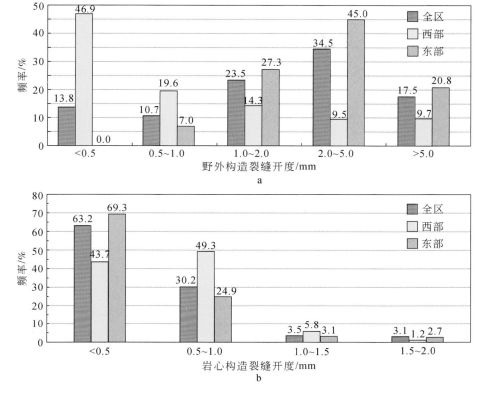

图 3-10　库车拗陷野外和岩心构造裂缝开度范围统计图

a. 野外构造裂缝开度直方图；b. 岩心构造裂缝开度直方图

　　地表由于处在开放空间，裂缝的开度由于风化作用而较大，岩心构造裂缝由于在地下深处，受围压的影响，其开度值相对比野外观测的开度值要小得多（图 3-11）。93% 的岩心裂缝开度为 0 ~ 1.0mm（图 3-10b）。库车拗陷西部的岩心裂缝开度大于 0.5mm 的裂缝占总条数的 56%，而在库车拗陷东部岩心裂缝开度大于 0.5mm 的裂缝仅占 31%（图 3-10b），表明库车拗陷西部岩心裂缝的开度整体上要大于库车拗陷东部，这有助于库车拗陷西部克深和大北等气田地下天然气的储集和运移。

3.2.4　裂缝充填程度与充填物

1. 构造裂缝的充填程度

　　根据库车拗陷野外构造裂缝充填程度统计结果分析（图 3-12a），全区野外构造裂缝中未充填的构造裂缝占 70.4%，半充填的占 15.8%，全充填的占 13.8%，即有效裂缝（未充填和半充填的）占 86.2%，说明研究区砂岩构造裂缝的储集性和渗透性的有效性较好。库车西部野外构造裂缝中未充填的构造裂缝占 69.2%，半充填的占 7.5%，即有效裂缝占76.7%；而库车东部野外构造裂缝中未充填的构造裂缝占 71.0%，半充填的占 19.0%，即有效裂缝占 90.0%，总体而言库车拗陷东部的裂缝有效性比西部的更好。

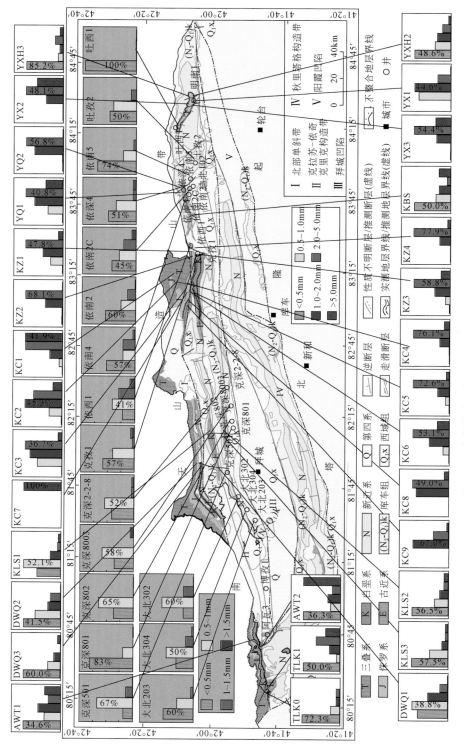

图3-11　库车拗陷野外和岩心构造裂缝开度分布图

根据库车拗陷岩心构造裂缝充填程度统计结果分析（图 3-12b），全区岩心构造裂缝中未充填的占 43.3%，半充填的占 22.2%，全充填的占 34.6%，即有效裂缝（未充填和半充填的）占 65.5%。库车拗陷西部岩心构造裂缝未充填的占 20.2%，而库车拗陷东部岩心构造裂缝中未充填的占 57.2%，可见库车拗陷东部构造裂缝的有效性比西部的要好，这与野外观测统计的结果基本一致。

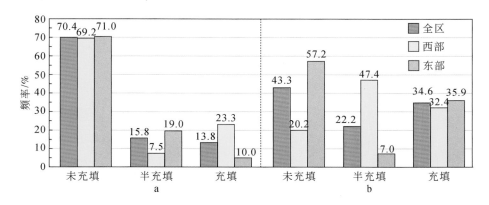

图 3-12　库车拗陷野外（a）和岩心（b）构造裂缝充填程度分布直方图

库车拗陷构造裂缝充填程度的区域分布具有以下规律：南北差异上，北部单斜带内野外未充填、半充填构造裂缝的比例大于克拉苏-依奇克里克构造带，因而北部单斜带的充填程度比克拉苏-依奇克里克构造带低，其裂缝有效性更好；东西差异上，库车拗陷东部野外和岩心未充填、半充填构造裂缝的比例大于西部，因此库车拗陷东部的裂缝有效性更好（图 3-13）。

2. 构造裂缝的充填物类型

对于裂缝充填物类型的研究有助于正确认识区域流体活动特性及库车拗陷岩石的地层学信息，进而有利于加深对油气运移的认识，也有助于确定油气藏开发方案，如是否做酸化处理，将充填裂缝处理成有效裂缝等。库车拗陷构造裂缝的充填物类型主要有泥质（M）、方解石（Ca）、铁质（Fe）、碳质（C）、硅质（Si）和膏盐（S）等类型。根据充填物充填程度的不同，将各充填物占各剖面或井段总充填物的比例划分为以下几个级别："+++"表示>50%，"++"表示 30%～50%，"+"表示 10%～30%，"（）"表示<10%。

库车拗陷构造裂缝充填类型的分布具有以下规律：北部单斜带以铁质和钙质充填为主，而无膏盐充填物；克拉苏-依奇克里克构造带内钙质和膏盐充填比例较高，多个剖面钙质和膏盐充填比例超过 50%，这反映了南北分带的差异性（图 3-14）。库车拗陷东部以铁质、钙质、泥质充填为主，仅在依奇克里克剖面见有少量膏盐充填，而库车拗陷西部裂缝充填类型以膏盐、泥质为主，反映了东西分段的差异性。构造裂缝的充填物主要受岩性、风化作用和热液流体等因素的影响。北部单斜带中生界致密砂岩发育，风化后以风化型铁质充填为特征；而克拉苏-依奇克里克构造带西段以含膏盐的新生界沉积地层为主，因而多以膏盐充填为特征（图 3-14）。

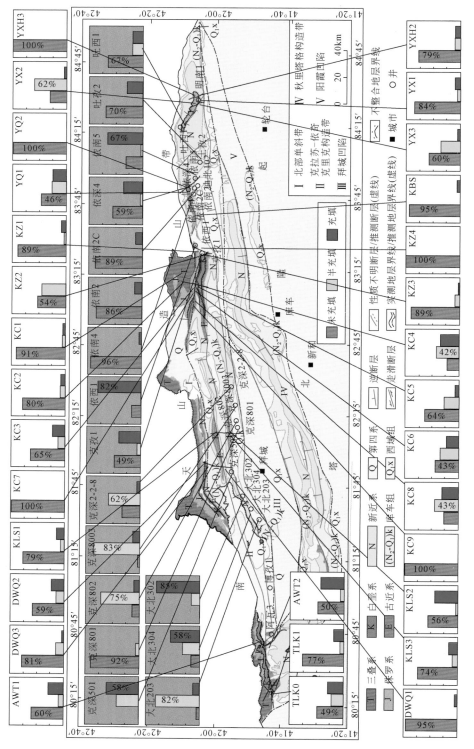

图3-13　库车拗陷野外和岩心构造裂缝充填程度分布图

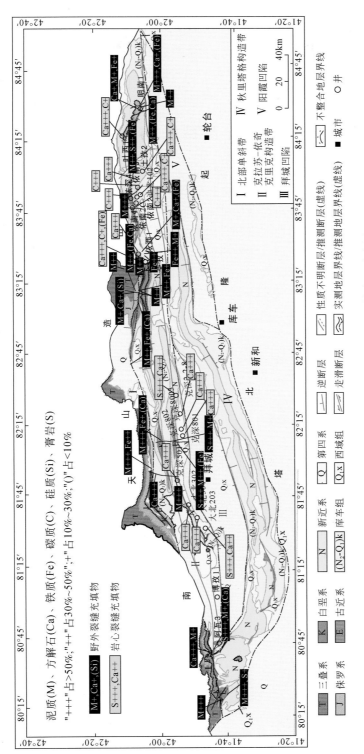

图3-14 库车拗陷野外和岩心的构造裂缝充填类型分布图

与野外观测情况相比，岩心因地下埋藏，少风化，岩心裂缝的充填物少铁质，而以钙质充填为主，可能与普遍存在的低温流体活动和下部存在碳酸盐岩地层有关。碳质充填主要在库车拗陷东部岩心观测中可见，与发育阳霞组和克孜勒努尔组含煤地层有关。膏盐充填主要在库车拗陷西部的岩心中可见，也是受岩性影响，与裂缝发育的地层是白垩系并邻近古近系含膏盐地层有关（图3-14）。

3.3 裂缝发育特征的区域对比

库车拗陷构造裂缝发育特征的分布规律在空间上和平面上既有一致性又存在差异性（表3-1）。垂向上的裂缝发育特征：①裂缝的性质、走向、倾角和裂缝密度等特征在地表野外裂缝和地下岩心裂缝的分布规律是基本相同的，表明了裂缝特征在空间上的连续性和一致性；②而裂缝的开度、充填程度和充填物在地表和地下的分布规律则有所不同，受到地层压力梯度、地表风化和地下流体的影响，地表的裂缝开度较大，地下裂缝比地表的充填程度高，地表裂缝的充填物以钙质、铁质、泥质、膏盐充填为主，而地下裂缝的充填物以钙质、碳质、膏盐充填为主（表3-1）。

表3-1 库车拗陷构造裂缝发育特征区域对比表

裂缝特征	位置	全区	西部	东部
性质	野外	剪裂缝、张剪裂缝为主	张剪裂缝为主，张裂缝较发育	以剪裂缝为主
	岩心	以剪裂缝为主	以剪裂缝为主	以剪裂缝为主
走向	野外	近南北向	北北西、北北东和北东东向为主	北北东、北东、北北西为主
倾角	野外	大于45°的高角度缝和垂直缝为主	低、高角度缝和垂直缝为主	高角度缝和垂直缝为主
	岩心	大于45°的高角度缝和垂直缝为主	垂直缝为主	高角度缝为主
开度	野外	多集中在0~5mm，东部大于西部	多集中在0~2mm	多集中在0~5mm
	岩心	多集中在0~1mm，东西差别不大	0~0.5mm占44%，0.5~1.0mm占49%	0~0.5mm占69%，0.5~1.0mm占25%
充填程度	野外	70%未充填，14%充填，东部裂缝有效性较好	69%裂缝未充填，8%半充填	71%未充填，19%半充填
	岩心	43%未充填，35%充填，东部裂缝有效性较好	20%裂缝未充填，47%半充填	57%裂缝未充填，7%半充填
充填物	野外	以钙质、铁质、泥质、膏盐充填为主	以膏盐泥质充填为主	以铁质、泥质、钙质充填为主
	岩心	以钙质、碳质、膏盐充填为主	以钙质、膏盐充填为主	以钙质、碳质充填为主
密度	野外	东部高于西部	古近系和白垩系裂缝发育	塔里奇克组、阿合组裂缝发育
	岩心	东部高于西部	白垩系裂缝密度高	阿合组裂缝密度高
强度	野外	中部高，东西两侧低	古近系和白垩系裂缝强度高	侏罗系致密裂缝强度高

平面上裂缝发育特征存在明显的差异性。①裂缝性质方面：库车拗陷全区以剪裂缝和张剪裂缝为主，库车拗陷东部以剪裂缝为主，而西部张裂缝的比例比东部略高，这可能与库车拗陷中西部发育更多的褶皱系统有关，野外露头和测井资料都表明在褶皱的核部和枢纽发育了一定数量的纵张裂缝和横张裂缝。②裂缝的走向方面：库车拗陷整体呈现北北西和北北东两个最优势方位，这反映了库车拗陷自上新世以来的近南北向区域挤压应力场，是对区域上构造应力场在进入新近纪时从弱伸展变化到强烈挤压这一过程的响应（张仲培等，2006），而北东东和北西西近东西走向的裂缝与褶皱枢纽走向一致，可能是同褶皱期平行枢纽的纵张裂缝。③裂缝倾角方面：库车全区野外和岩心裂缝均以大于 45° 的高角度缝或垂直缝为主，多数属于与地层垂直的正交裂缝。④裂缝开度方面：库车拗陷东部的野外和岩心裂缝的开度总体上要大于库车拗陷西部。⑤裂缝充填程度方面：库车拗陷东部的未充填和半充填裂缝的比例要高于西部，说明库车拗陷东部的裂缝有效性较高。⑥裂缝充填物方面：总体以钙质充填为主，局部受到地层岩性特征的影响，库车拗陷西部的野外裂缝存在一定的膏盐充填，这与该地区发育双重构造，上层构造的滑脱层为盐构造有关，而库车拗陷东部野外裂缝存在一定数量的碳质充填，这与该地区发育中生代煤系地层有关。⑦裂缝密度方面：库车拗陷东部的野外和岩心裂缝密度要高于西部，具体到层位上，库车拗陷东部以侏罗系致密阿合组和三叠系塔里奇组裂缝最为发育，库车拗陷西部则以白垩系和古近系的裂缝最为发育。⑧裂缝强度方面：构造裂缝强度值分布呈现中间大，东西两端小的特点，这可能与库车拗陷中部前陆冲断带构造作用最强有关，发育最多的冲断构造。

3.4　小　　　结

（1）库车拗陷在新近纪近南北向区域挤压应力场和局部应力场的影响下，主要发育北北东、北北西和近东西向三个优势方位走向的裂缝，其中，北北东向裂缝最发育。

（2）构造裂缝类型以剪性和张剪性的大于 45° 的高角度斜交裂缝和垂直裂缝为主，野外开度多集中在 0~5mm 范围内，岩心开度一般为 0~1mm，且大部分裂缝未充填或半充填。

（3）库车拗陷构造裂缝发育特征的各参数分布呈现出"东西分段，南北分带"的特点：以克拉苏–依奇克里克构造带的裂缝密度和强度最高，且裂缝有效性较高。具体到层位上，库车拗陷东部以下侏罗统阿合组砂岩裂缝最为发育，库车拗陷西部则以下白垩统巴什基齐克组砂岩的裂缝密度最高。

（4）库车拗陷构造裂缝发育特征的分布规律在空间上和平面上既有一致性又存在差异性。裂缝的性质、走向、倾角和裂缝密度等特征在地表和地下的分布规律表现出连续性和一致性，总体上地下裂缝的开度比地表裂缝的小，但地下裂缝的充填程度比地表裂缝的高；而在平面上，裂缝发育特征则在库车拗陷的东西部表现出了差异性。库车拗陷东部的致密储层以下侏罗统致密砂岩为主，裂缝以北北东向剪裂缝为主，而库车拗陷西部的致密储层以克深地区下白垩统巴什基齐克组致密砂岩为主，以平行于褶皱枢纽方向的近东西向纵张裂缝为主，其次为北东向张剪裂缝。

（5）总体上，库车拗陷构造裂缝十分发育，有益于致密储层孔渗条件的改善，有利于裂缝型油气藏的形成。

第4章　构造裂缝发育规律

构造裂缝的形成除与区域构造应力环境有关外，还与地层岩性、地层厚度等内部因素有关，也与断层和褶皱等局部构造作用有关。本章通过库车山前野外地质建模，分析各种因素控制下的裂缝发育规律及其力学机制。

此外，库车拗陷发育两套巨厚的新生代盐岩层，而库车拗陷主要的储层为紧邻盐岩层的侏罗系致密砂岩、白垩系致密砂岩和古近系的砂岩，那么盐岩层对邻近的砂岩构造裂缝的发育又有怎样的影响呢？本章试着从地层、构造、盐岩层三个方面来探究库车盐构造区构造裂缝的发育机制。

4.1　地层控制裂缝发育规律

4.1.1　地层岩性控制因素

研究岩性对裂缝发育程度的影响时，我们选取构造稳定、层厚变化不大、岩性类型相对较多的野外地质剖面开展构造裂缝测量，并进行构造裂缝与岩性关系的统计分析（图4-1）。

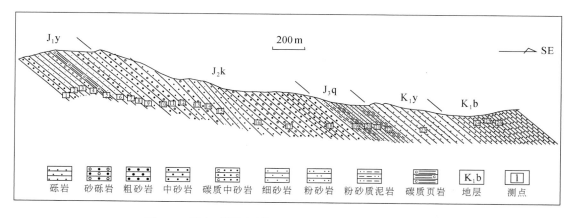

图4-1　库车西部阿瓦特河 AWT1 构造裂缝实测剖面图

在阿瓦特河 AWT1 剖面（图4-1），地层时代从下侏罗统的阳霞组一直到下白垩统的巴西盖组，主要岩性为各类砂岩，并且从砾岩到粉砂岩（图4-2），各层厚度相近，是一套构造较为稳定的单斜地层。野外观测发现，砾岩裂缝不发育（图4-2a）；粗砂岩裂缝中等发育（图4-2b）；而粉砂岩裂缝非常发育（图4-2c），这说明岩石粒级对于构造裂缝的发育具有很重要的影响和控制作用。

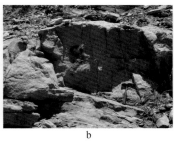

a   b   c

图 4-2 库车西部阿瓦特河剖面下侏罗统构造裂缝野外照片
a. 砾岩；b. 粗砂岩；c. 细砂岩

构造裂缝的发育对岩性也存在选择性。在库车拗陷西部大宛齐煤矿剖面，裂缝选择性地发育在下侏罗统阳霞组的脆性砂岩层，而煤层裂缝不发育，非能干层（如膏盐层和煤层等软弱层）会阻隔裂缝的扩展。同样的，对于库车拗陷东部的阳霞煤矿剖面，构造裂缝在能干层砂岩层中十分发育，但终止于非能干层煤层（图 4-3）。所以，能干层（硬层）比非能干层（软层）更有利于裂缝发育。

图 4-3 岩性控制构造裂缝选择性发育
库车拗陷东部阳霞煤矿剖面的 J_1y 砂岩裂缝被煤层阻挡

从孔渗条件来分析，低孔渗的致密砂岩比高孔渗砂岩更有利发育构造裂缝。在库车中西部的大宛齐煤矿剖面，出露的阳霞组致密砂岩裂缝较为发育（图 4-4a），而在库车东部库车河剖面出露的巴什基齐克组的高孔渗砂岩裂缝则不发育（图 4-4b）。

为了方便研究不同粒级的碎屑岩岩性与构造裂缝密度的关系，根据传统的沉积地质学的分类标准，将库车拗陷地层的层厚分为 4 个等级，即薄层（1～10cm）、中厚层（10～50cm）、厚层（50～100cm）和块状层（>100cm）。因薄层的统计个数较少，故只讨论中厚层、厚层和块状层的不同粒级碎屑岩岩性与裂缝面密度之间的关系。

以中厚层（即层厚在 10～50cm）的 47 个砂岩类样本进行统计，发现从粗砂岩到细砂岩，随着岩石粒径的减小，面密度值从含砾粗砂岩的 $3.92m^{-1}$ 逐渐增大到细砂岩的 $5.75m^{-1}$（图 4-5）。这说明中厚层的砂岩面密度和岩性之间存在一定的线性关系。

图4-4　库车西部阳霞组致密砂岩裂缝（a）和库车东部巴什基奇克组砂岩裂缝（b）

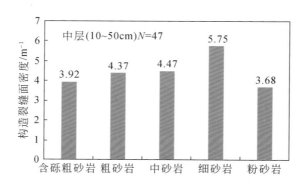

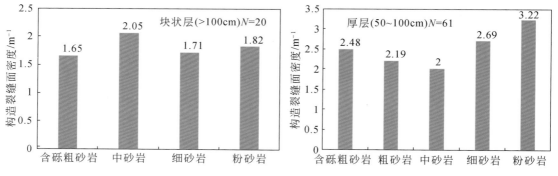

图4-5　库车拗陷不同厚度下的砂岩岩性与裂缝面密度关系图

　　以厚层（即层厚在50~100cm）的61个砂岩类样本进行统计，发现从中砂岩到粉砂岩，随着岩石粒径的减小，面密度值从中砂岩的2.00m⁻¹逐渐增大到粉砂岩的3.22m⁻¹（图4-5）。这说明厚层的砂岩面密度和岩性之间存在同样的线性关系。

　　以块状层（即层厚>100cm）的20个砂岩类样本进行统计，发现从含砾粗砂岩到粉砂岩，整体上面密度和岩性之间并没有特别明显的关系（图4-5）。这可能与块状层砂岩样本数量过少有关。

总之，库车拗陷野外实测构造裂缝的面密度大小与岩性之间存在一定的联系，整体上碎屑岩的粒径越小，其裂缝面密度就越高，存在一定意义上弱线性关系。

4.1.2　地层层厚控制因素

研究层厚对裂缝发育程度的控制和影响时，选取构造稳定和岩性比较单一的裂缝测量剖面来统计分析。

以库车拗陷的大宛齐煤矿 DWQ2 剖面为例（图 4-6）。该剖面长约 1km，地层涵盖上三叠统塔里奇克组到中侏罗统的恰克马克组，是一套构造相对单一的单斜层。野外观测发现，巨厚层粗砂岩裂缝不发育（图 4-7a），厚层砾岩裂缝也不发育（图 4-7b），中薄层含砾粗砂岩裂缝发育（图 4-7c）。这说明地层厚度对于构造裂缝的发育具有一定的影响和控制作用（孟庆峰等，2011）。

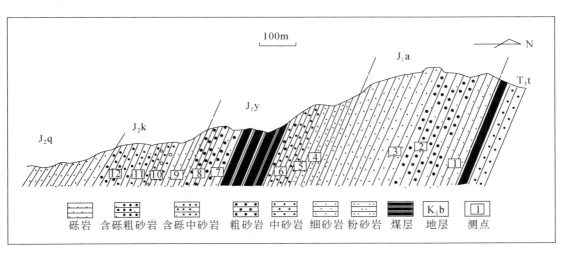

图 4-6　库车拗陷大宛齐剖面（DWQ2）构造裂缝实测剖面

图 4-7　库车拗陷大宛齐 DWQ2 剖面测点照片

a. 阳霞组巨厚层粗砂岩；b. 阿合组厚层砾岩；c. 阿合组中薄层含砾粗砂岩

在库车拗陷的克拉苏河 KLS3 剖面（图 4-8），该剖面长约 100m，北东走向，岩性上主要为古近系苏维依组细砂岩或粉砂岩。发现不同层厚的粉砂岩发育裂缝的程度不同，薄层的粉砂岩明显要比厚层的粉砂岩裂缝更发育（图 4-9a）。薄层砂岩的裂缝小而密，而厚层砂岩裂缝通常大而疏（图 4-9b）。

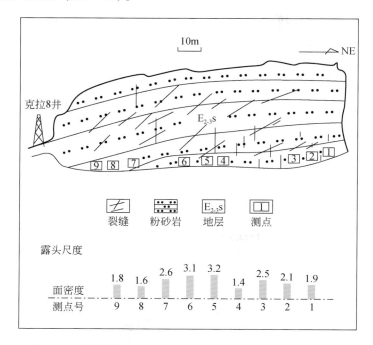

图 4-8　库车拗陷克拉苏河 KLS3 剖面构造裂缝面密度分布图

图 4-9　库车拗陷克拉苏河古近系苏维依组薄层（a）和厚层（b）粉砂岩发育裂缝照片

针对库车拗陷克拉苏河 KLS3 剖面的裂缝面密度与层厚进行拟合，发现二者之间呈指数关系（图 4-10），拟合曲线为：$y = 1594e^{-0.006x}$；相关系数 $R^2 = 0.725$。因此层厚控制裂缝的发育，即薄层比厚层更有利于裂缝的发育。

下面将对库车拗陷同一岩性上发育的构造裂缝面密度数据进行直方图统计分析。按照粒径大小，共选取了粉砂岩、细砂岩、中砂岩、粗砂岩和含砾粗砂岩这五种岩性，来分析同一种岩性的岩石在不同层厚下的构造裂缝面密度的发育特征（图 4-11）。可见粉砂岩在不同层厚的条件下构造裂缝面密度与层厚之间表现出了明显的规律性。薄层（1～10cm）

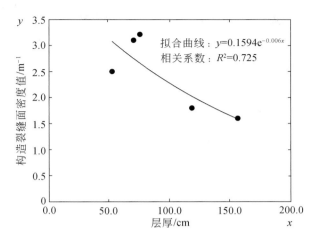

图 4-10　库车拗陷克拉苏河 KLS3 剖面裂缝面密度与层厚拟合关系图

的面密度值为 5.58m⁻¹，中层的面密度值为 3.68m⁻¹，一直减小到块状层的 1.82m⁻¹。中砂岩的薄层面密度值为 4.47m⁻¹，到厚层面密度值降到 2.36m⁻¹，再到块状层降到 1.21m⁻¹（图 4-11）。其余岩性的面密度值和层厚之间也表现出了相似的规律性，即随着层厚的增加，面密度值减小。这表明该地区每一种碎屑岩的构造裂缝面密度与层厚之间存在较好的线性负相关关系。同一碎屑岩岩性的构造裂缝面密度值随着地层厚度的增加而减小，即对于同一种碎屑岩薄层比厚层更有利于构造裂缝的发育。

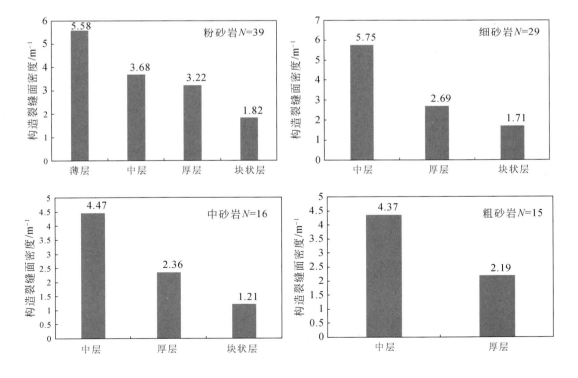

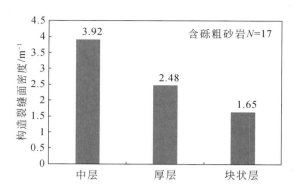

图 4-11　库车拗陷地层厚度与裂缝面密度直方图

4.1.3　裂缝发育程度与岩性和层厚的关系比较

　　前面两小节讨论了构造裂缝发育程度与岩性和层厚之间的关系，初步认为库车拗陷全区的构造裂缝的发育程度受到岩性和层厚的双重控制。粒径较小的砂岩构造裂缝比粒径大的砂岩构造裂缝更发育，薄层的砂岩构造裂缝比厚层的砂岩构造裂缝要发育。但是岩性和层厚二者之间对裂缝发育的影响程度尚不清楚。本节通过二元非线性拟合的方法来研究岩性和层厚是如何影响构造裂缝发育的，以及二者对于构造裂缝发育影响程度的权重究竟是怎样的。

　　首先，针对在库车拗陷野外采集的 31 块样品磨片，并在显微镜下统计砂岩粒径的大小，得到每一块样品的平均粒径，并据此给每一块样品的粒级进行定名。然后再统计每一块样品在野外对应的地层厚度及其测点中所测量的面密度值，这样就得到了平均粒径、层厚与裂缝面密度三者之间的对应关系（表 4-1）。

　　由于上述初步的拟合结果表明，构造裂缝面密度与岩性和层厚之间的关系均为幂函数的关系，所以据此设定裂缝面密度与层厚和岩性（粒径）之间存在一个幂指数关系。关系式可以表示为

$$D = a \cdot T^b \cdot G^c \tag{4-1}$$

式中，D 为裂缝面密度（m^{-1}）；T 为层厚（cm）；G 为平均粒径（mm）；a、b、c 为待求的系数。

　　接下来，把表 4-1 中的 31 组 93 个数据代入上述关系式，利用数据处理软件 SPSS（statistical product and service solutions）来进行二元非线性回归分析，最终拟合结果为

$$D = 13277 \cdot T^{-2.159} \cdot G^{-0.13} \tag{4-2}$$

相关系数 $R = 0.80$。

表 4-1　库车拗陷裂缝面密度与层厚和平均粒径的数据表

编号	D（面密度）/m^{-1}	T（层厚）/cm	G（平均粒径）/mm
1	2.43	80	0.64
2	11.11	30	0.12

编号	D （面密度）/m^{-1}	T （层厚）/cm	G （平均粒径）/mm
3	0.83	70	0.12
4	4.46	128	0.28
5	3.27	85	0.12
6	3.68	50	0.11
7	4.56	107	0.28
8	1.61	60	0.17
9	1.50	90	0.45
10	0.82	180	0.42
11	21.95	21	0.06
12	9.84	30	0.11
13	8.36	41	0.06
14	3.91	80	0.27
15	3.09	93	1.04
16	2.03	110	0.71
17	1.64	180	0.55
18	3.12	40	0.12
19	2.89	50	0.11
20	5.87	37	0.17
21	1.02	160	2.35
22	2.13	120	1.10
23	1.85	160	0.78
24	2.69	55	0.19
25	2.21	33	3.84
26	4.35	50	0.14
27	1.67	60	0.73
28	1.35	50	0.08
29	3.11	64	0.09
30	0.73	30	0.02
31	2.85	45	0.02

　　最后再把得到的关系式以曲线的形式画出来，式中粒径用每种岩性的平均粒径来表示，粉砂岩取平均粒径为 0.03mm，细砂岩取平均粒径为 0.13mm，中砂岩取平均粒径为 0.38mm，粗砂岩取平均粒径为 1.00mm。这样就做出了面密度与层厚和岩性的关系图（图 4-12）。

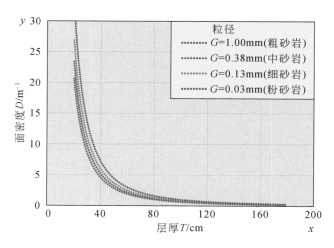

图 4-12　库车拗陷构造裂缝面密度与层厚和不同粒级岩性的曲线图

结果表明，虽然不同粒级碎屑岩的岩性对裂缝发育程度有一定的影响，但地层的层厚影响裂缝密度的指数绝对值 2.159 明显大于平均粒径影响裂缝面密度的指数绝对值 0.13（高出一个数量级）[参见关系（式 4-2）]，这表明，在构造较弱的地区，层厚对裂缝发育程度的影响明显比岩性强，岩性对构造裂缝发育程度的影响很弱（牛小兵等，2014）。裂缝面密度随着岩性的变化并不明显，而面密度随着层厚的变化却非常明显。因此，库车拗陷构造单一的地区，层厚是影响裂缝发育程度的主控因素，而岩性是影响裂缝发育的次要因素（图 4-12）。

4.2　构造控制裂缝发育的规律

构造作用对构造裂缝发育的影响规律研究主要包括断层相关构造裂缝发育规律和褶皱相关构造裂缝发育规律两方面。

4.2.1　断层相关构造裂缝发育规律

为了研究库车拗陷的断裂形成过程对构造裂缝发育的影响，在库车拗陷内选择了塔拉克大剖面的塔拉克走滑断裂和逆冲断裂、阿瓦特河大剖面的博孜墩逆断层、大宛齐逆断层、库车河阿合断裂、克孜勒努尔沟逆断层、阳霞煤矿大剖面的阳霞煤矿反冲断层，统计这 6 个剖面中各个测量点的构造裂缝面密度和强度值，寻找构造裂缝的面密度和强度与距断层距离的关系，并讨论断裂形成过程如何影响裂缝带范围与断裂性质和断距的关系。这里选取博孜墩逆断层和大宛齐反冲断层作介绍。

1. 博孜墩逆断层

博孜墩逆断层（AWT2）位于库车拗陷西部阿瓦特河大剖面，GPS 点位：41°45′41.9″N，80°40′41.7″E。东西走向，倾向约 75°，该断裂由北向南逆冲，属于压性断裂。

为研究该断裂与构造裂缝发育程度的关系，在断裂的北侧布置测线，以分析构造裂缝的发育程度与距断裂距离的关系（图4-13）。共测量15个构造裂缝实测点，测点1、2、3距断裂破碎带最近，裂缝十分发育（图4-14a）；测点9距离断层一定距离，裂缝较为发育（图4-14b）；测点15距离断层较远，裂缝不发育（图4-14c）。

首先研究构造裂缝面密度与距断层距离的关系。

AWT2逆断层剖面，靠近断层的1、2、3测点的构造裂缝面密度最大，均在7以上，属于断裂附近裂缝密集的构造裂缝带。测点9可能受到局部构造的影响，其余各随着距断层距离增加，裂缝面密度逐渐降低，并趋于稳定（图4-14b）。

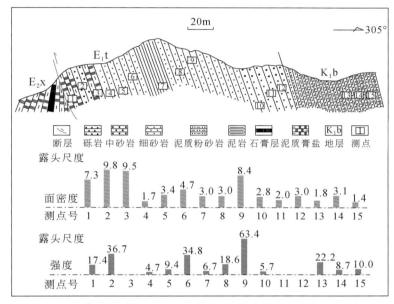

图4-13　博孜墩逆断层（AWT2剖面）构造裂缝面密度分布剖面

图4-14　博孜墩逆断层（AWT2剖面）构造裂缝照片

随着距断层距离的增大，构造裂缝的面密度具有很明显的降低趋势，二者之间具有很好的对数关系。剔除受局部构造应力等因素影响的测点，作构造裂缝面密度与距离关系图（图4-15）。关系式：$y = -1.273\ln(x) + 9.36$；相关系数 $R^2 = 0.520$。断裂附近的裂缝密集带的临界距离为40m，在此临界距离以外，该断裂与裂缝发育程度的联系变得很弱。

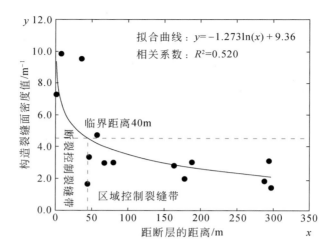

图 4-15　博孜墩逆断层（AWT2 剖面）相关的裂缝面密度与距断裂距离的关系曲线

2. 大宛齐反冲断层

大宛齐反冲断层位于库车拗陷西部大宛齐大剖面，GPS 点位：41°58′59.7″N，81°50′12.3″E。东西走向，倾向约 70°，该断裂由南向北反向逆冲，属于压性断裂。

为研究该断裂与构造裂缝发育程度的关系，在断裂的南侧布置测线，以分析构造裂缝发育程度与距断裂距离的关系（图 4-16）。共测量 12 个构造裂缝实测点，测点 3 距断裂破碎带较远，裂缝不发育（图 4-17a）；测点 8 距离断层有一定的距离，裂缝较为发育（图 4-17b）；测点 11 距离断层很近，裂缝十分发育（图 4-17c）。

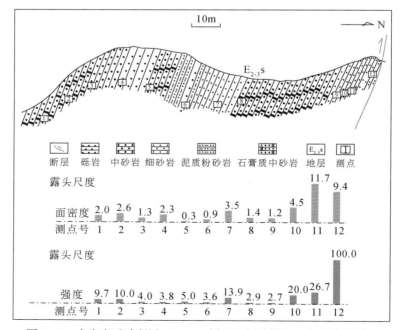

图 4-16　大宛齐反冲断层（DWQ1 剖面）相关裂缝面密度分布剖面

首先分析构造裂缝面密度与距断层距离的关系。DWQ1 逆断层剖面，靠近断层较近的 10、11、12 测点的构造裂缝面密度最大，最高达到了 11.7，属于断裂附近的构造裂缝密集带，随着距断层距离增加，裂缝面密度逐渐降低（图 4-16）。

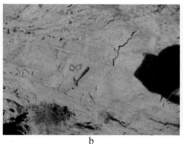

图 4-17　大宛齐反冲断层（DWQ1 剖面）相关的裂缝照片

随着距断层距离的增大，构造裂缝的面密度具有很明显的降低趋势，二者之间具有很好的对数关系。剔除受局部构造应力等因素影响的测点，作构造裂缝面密度与距离关系图（图 4-18）。关系式：$y=-1.377\ln(x)+8.3058$；相关系数 $R^2=0.865$。断裂附近的裂缝密集带的临界距离为 40m，在此临界距离以外，该断裂与裂缝发育程度的联系就变得很弱了。

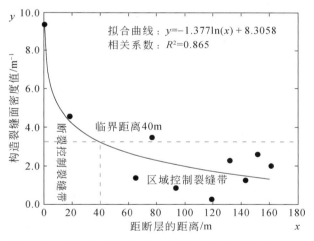

图 4-18　大宛齐逆断层（DWQ1 剖面）构造裂缝面密度与距断裂距离关系图

3. 断层附近裂缝密集带的 K 值分析

通过上述不同性质不同规模断层和其他地质剖面裂缝分布的地质建模（李乐等，2011；侯贵廷和潘文庆，2013），获得反映裂缝密集带宽度与断距关系的 K 值（注意仅在断裂形成的初始阶段或断距较小的情况下适用），为初步预测断裂附近裂缝密集带宽度提供了快捷便利的方法。地震剖面可以解释出断层，但无法解释出裂缝密集带。根据地震剖面解释的断层性质和断距，依据相应的 K 值，可以半定量地预测裂缝密集带的宽度。

从库车拗陷断层附近裂缝密集带的 K 值表（表 4-2）可以看出，压扭性的走滑断层的 K 值要比压性的逆冲断层的 K 值要小。塔拉克走滑断层的 K 值为 0.15，阿合走滑断裂的 K

值为 0.13，而克孜勒努尔沟逆冲断层和阳霞煤矿反冲断层的 K 值都为 1.5，克孜勒努尔沟的断弯褶皱的 K 值为 1.8，压性逆断层的 K 值要比走滑断层的 K 值大十倍左右。这表明在断距相同条件下压性断裂附近的裂缝密集带宽度比走滑断裂附近的裂缝密集带宽度更宽。

表 4-2　库车拗陷断层附近裂缝密集带的 K 值估算表（侯贵廷和潘文庆，2013）

剖面名称	断层性质	垂直断距或滑距/m	断层附近的裂缝密集带宽度/m	裂缝密集带宽/断距（K 值）
塔拉克走滑断层	压扭性	1000	150	0.15
阿合走滑断层	压扭性	300	40~80	0.13~0.26
克孜勒努尔沟逆冲断层	压性	20	30	1.5
阳霞煤矿反冲断层	压性	1	1.5	1.5
克孜勒努尔沟断层转折褶皱	压性	15	27	1.8

这里特别强调的是断裂相关的构造裂缝并不是断裂派生的裂缝，而是在断裂形成过程中，地块先形成裂缝，在裂缝较密集的带，裂缝连通起来才形成断裂，一旦断裂形成，断裂会通过断距吸收应力，就不会再形成裂缝了。因此，断裂相关的构造裂缝是先形成裂缝后形成断裂，只不过是这些构造裂缝的形成与断裂的形成过程密切相关，裂缝密集带（高裂缝密度）的范围与断裂有空间联系。因此，这个 K 值仅在断裂形成的初始阶段或断距较小的情况下适用，后期累积的较大断距就不能利用这个 K 值来估算断裂附近的裂缝密集带宽度了。

4.2.2　褶皱相关构造裂缝发育规律

为了研究褶皱的裂缝发育规律，选择巴依里大型平卧褶皱（AWTOP 剖面）和库姆格列木背斜（KLS1 剖面）开展褶皱的裂缝发育规律研究。

1. 巴依里大型平卧褶皱

巴依里大型平卧褶皱位于北部单斜带博孜敦北平卧褶皱群中，地层为下侏罗统阳霞组（J_1y）。褶皱轴向近东西向，轴面近于水平，南翼被剥蚀缺失，为一个紧闭平卧褶皱（图 4-19）。

图 4-19　巴依里大型平卧褶皱（AWTOP 剖面）野外照片

　　为了研究该褶皱的裂缝发育规律，在巴依里大型平卧褶皱的两翼和核部布置测线，共计布置 7 个构造裂缝测量点（图 4-19），并对相关测量计算数据拟合，分析构造裂缝发育程度与岩层曲率及距褶皱轴面距离的关系。

　　AWTOP 剖面的巴依里大型平卧褶皱轴部（测点 1 和 4）的裂缝面密度明显大于两翼（测点 2、3、5 和 6）的裂缝面密度（图 4-20）。剔除受局部构造应力等因素影响的测点，构造裂缝的面密度随着距褶皱轴面距离的递进而增大，裂缝密度与轴面距离之间具有指数关系（图 4-21）：$y = 3.1098e^{-0.021x}$；相关系数：$R^2 = 0.989$。

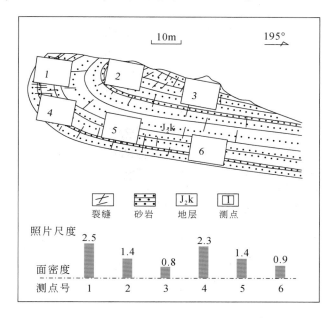

图 4-20　巴依里大型平卧褶皱的裂缝面密度分布剖面

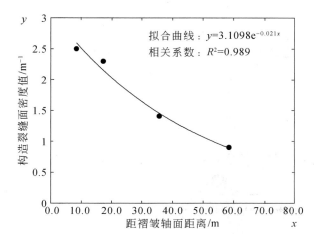

图 4-21　巴依里大型平卧褶皱的裂缝面密度与距褶皱轴面距离的关系曲线

　　库车坳陷构造裂缝密度除与距褶皱轴面距离有关外，还与地层曲率有着密切的关系（图4-22）。褶皱转折端的曲率大，相应的裂缝面密度也大，说明褶皱转折端的裂缝比翼部的裂缝更发育；反之，地层曲率越小，地层变形就越弱，裂缝就越不发育。褶皱的裂缝面密度与地层曲率呈指数关系：$y = 0.853e^{2.3264x}$；相关系数：$R^2 = 0.727$。

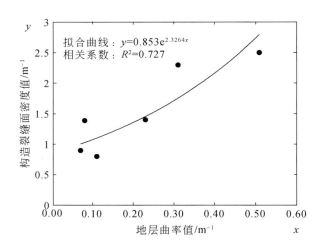

图4-22　巴依里大型平卧褶皱的裂缝面密度与地层曲率的关系曲线

2. 库姆格列木背斜

　　库姆格列木背斜位于克–依构造带的克拉苏河剖面，GPS 点位：42°2′2.5″N，82°7′53.8″E。地层为下白垩统巴西盖层组，两翼的地层倾角较小，褶皱轴向近东西向，为一直立开阔褶皱。虽在南翼发育一系列逆冲断层和挠曲，但断层影响范围有限，此处不作为研究重点，仍将其作为褶皱的裂缝发育规律研究的实例（图4-23）。

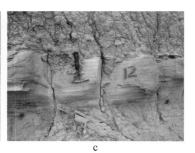

a　　　　　　　　　　　　　b　　　　　　　　　　　　　c

图4-23　库姆格列木背斜（KLS1 剖面）各部位的裂缝野外照片
a. 背斜北翼；b. 背斜核部；c. 背斜南翼

　　为了研究该褶皱的裂缝发育特征，在库姆格列木背斜的两翼和核部布置测线，共计布置14 个构造裂缝测量点（图4-24），并对相关测量计算数据拟合，分析构造裂缝的面密度及强度与岩层曲率及距褶皱轴面距离的关系。

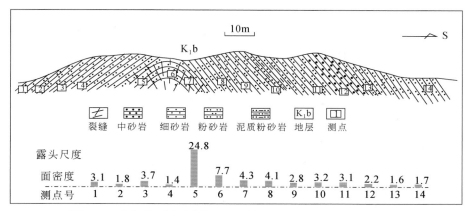

图 4-24　库姆格列木背斜（KLS1 剖面）的裂缝面密度分布剖面

显然，背斜核部各测点的裂缝面密度值（测点 5、6 和 7）明显大于两翼各测点的裂缝面密度值，且整体上随距褶皱轴面距离的增大，裂缝面密度呈逐渐减小的趋势（图 4-24）。

剔除受局部应力影响的测点，对各测点处裂缝面密度值同距褶皱轴面距离关系拟合（图 4-25）。裂缝面密度值同距褶皱轴面距离呈明显的指数关系，距褶皱轴面距离越大，其裂缝面密度值相应越小。指数关系式：$y = 5.4814 e^{-0.005x}$；相关系数：$R^2 = 0.735$。

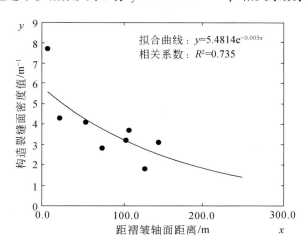

图 4-25　库姆格列木背斜（KLS1）的裂缝面密度与距褶皱轴面距离的关系曲线

对各测点处裂缝面密度值与地层曲率值进行拟合分析（图 4-26），发现裂缝面密度值与曲率值呈指数关系，且裂缝面密度随曲率增大而增大，呈正相关关系。如位于转折端处的测点 5、6、7 等，由于其曲率值大，裂缝面密度值也较大。指数关系式：$y = 0.847 e^{9.8049x}$；相关系数：$R^2 = 0.731$。

综上所述，褶皱的裂缝发育程度与褶皱部位密切相关，其裂缝发育规律主要与距褶皱轴面距离和地层曲率相关。褶皱的裂缝面密度与距褶皱轴面距离呈负相关指数关系，与地层曲率呈正相关指数关系，距褶皱轴面距离越近，地层曲率值越大，褶皱裂缝越发育。

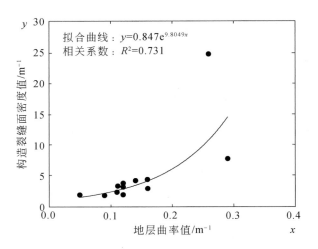

图 4-26　库姆格列木背斜（KLS1）的裂缝面密度与地层曲率值的关系曲线

4.2.3　断背斜的裂缝发育规律

为了研究断层相关褶皱的裂缝发育规律，选择喀桑托开断背斜（KLS2 剖面）、吐格尔明断背斜（YXH2 剖面）进行裂缝测量统计分析。

1. 喀桑托开断背斜

喀桑托开断背斜（KLS2 剖面）位于克–依构造带的克拉苏河剖面，位于库姆格列木背斜南部，GPS 点位：41°57′47.8″N，82°07′41.3″E。地层为古近系苏维依组，两翼地层倾角较小，褶皱轴向近东西向，为一条直立开阔褶皱。南翼发育逆冲断层，为宽缓的断层相关褶皱（图 4-27）。

对喀桑托开断背斜（KLS2 剖面）的裂缝发育规律的研究，主要通过研究该褶皱区域内裂缝面密度同距褶皱轴面距离以及曲率之间的关系（图 4-28）。此外，由于在褶皱南翼局部受逆冲断层的影响，裂缝面密度也有相应的变化。

　　　　　　a　　　　　　　　　　　　　　　　　　b

图 4-27　喀桑托开断背斜（KLS2 剖面）的裂缝发育特征
a. 褶皱北翼；b. 褶皱核部；c. 褶皱南翼；d. 南翼逆断层及牵引褶皱

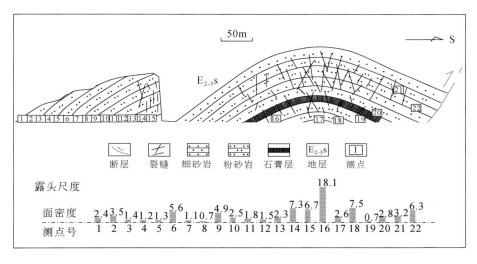

图 4-28　喀桑托开断背斜（KLS2 剖面）的裂缝面密度分布剖面

由图 4-28 中可以明显发现，由褶皱两翼向轴部随测点距褶皱轴面距离减小，裂缝面密度逐渐增大。测点 2、6、9 等可能因存在局部的应力异常而存在一些异常增大，但各测点整体符合这种裂缝发育规律。测点 19、20、21、22，由于逆冲断层的影响，裂缝面密度又显著增大，可视为断层的局部影响。

剔除局部构造应力引起的异常点，对该地区各测点裂缝面密度同测点与褶皱轴面距离进行拟合分析（图 4-29）。明显看出构造裂缝的面密度同距褶皱轴面距离呈明显的指数关系，且裂缝面密度值随距褶皱轴面距离增大而减小，呈负相关关系。关系式：$y = 35.132e^{-0.006x}$；相关系数：$R^2 = 0.755$。

对各测点的裂缝面密度同地层曲率进行拟合分析（图 4-30），发现裂缝面密度与地层曲率呈明显的线性关系，且裂缝面密度随曲率增大而增大，呈正相关关系。关系式：$y = 76.91x - 2.6491$；相关系数：$R^2 = 0.663$。

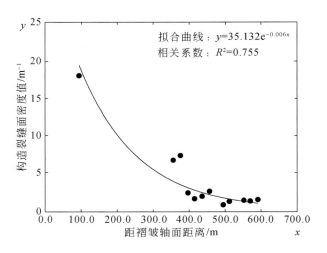

图 4-29　喀桑托开断背斜（KLS2）的裂缝面密度与距褶皱轴面距离的相关关系图

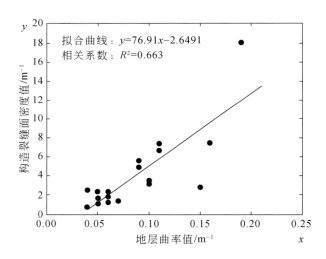

图 4-30　喀桑托开断背斜（KLS2）的裂缝面密度与地层曲率的相关关系图

除去褶皱（距轴面距离、曲率）因素影响外，局部发育的断层也对裂缝具有一定的相关联系。对各测点的裂缝面密度与距断层距离进行拟合分析（图 4-31），发现裂缝面密度与距断层距离呈明显的线性关系，呈负相关关系。关系式：$y = -0.0002x^2 - 0.0324x + 7.6311$；相关系数：$R^2 = 0.991$。

2. 吐格尔明断背斜

吐格尔明断背斜规模巨大，东起野云沟西北部的莫洛克艾肯沟，向西经阳霞煤矿、三十团煤矿（塔克麻扎）至迪那河一带，东西向全长 90km 左右，总体表现为高陡紧闭的线性背斜。南北向横切吐格尔明断背斜选取 YXH2 剖面研究断层相关褶皱的裂缝发育规律。该剖面的 GPS 点位：42°7′36.7″N，84°30′40.7″E（图 4-32）。

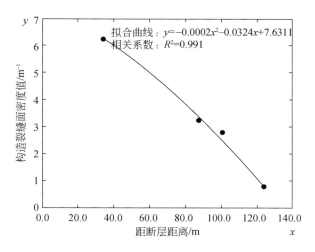

图 4-31　喀桑托开断背斜 (KLS2) 的裂缝面密度与距断层距离的相关关系图

图 4-32　吐格尔明断背斜 (YXH2 剖面) 的裂缝发育特征
a. 褶皱翼部；b. 褶皱核部

吐格尔明断背斜 (YXH2 剖面) 的裂缝面密度分布特征如图 4-33 所示。

从图 4-33 中可以明显看出，由褶皱两翼向褶皱轴部随测点距褶皱轴面距离减小，裂缝面密度逐渐增大。测点 3、4、5、7、8 等处，由于断层的局部影响裂缝面密度显著增大，可视为断层形成过程中局部的裂缝密集带。

剔除局部应力引起的异常点，对该剖面各测点的裂缝面密度与测点距褶皱轴面的距离进行拟合分析 (图 4-34)。明显看出构造裂缝的面密度与距褶皱轴面距离呈明显的指数关系，且裂缝面密度随距褶皱轴面距离的增大而减小，呈负相关关系。关系式：$y = 6.4794e^{-0.002x}$；相关系数：$R^2 = 0.718$。

对各测点的裂缝面密度与地层曲率进行拟合分析 (图 4-35)，裂缝面密度与地层曲率具线性关系 (正相关)。关系式：$y = 27.308x - 0.0545$，相关系数：$R^2 = 0.595$。

此外，对距离断层较近的各点，如测点 1、2、3、4、5、6 等，对这些点的裂缝面密度与距断层距离进行拟合分析 (图 4-36)。二者具指数关系 (负相关)，随着距断层距离的增加，裂缝面密度呈指数下降。关系式：$y=20.998\mathrm{e}^{-0.047x}$；相关指数：$R^2=0.941$。

　　综上所述，发育于断层相关褶皱中的构造裂缝，其分布规律同样与距褶皱轴面距离以及地层曲率有密切关系，并呈指数关系。此外，构造裂缝的发育也与断背斜中的断层位置有一定的空间联系，距离断层越近构造裂缝越发育。

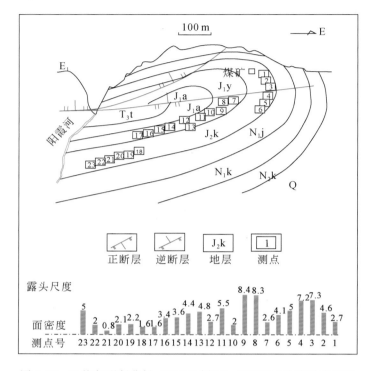

图 4-33　吐格尔明断背斜（YXH2 剖面）的裂缝面密度分布剖面

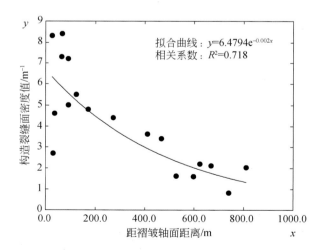

图 4-34　吐格尔明断背斜（YXH2）的裂缝面密度与距褶皱轴面距离的相关关系图

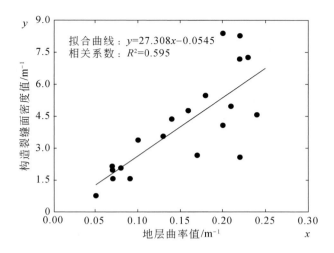

图 4-35　吐格尔明断背斜（YXH2）的裂缝面密度与地层曲率的相关关系图

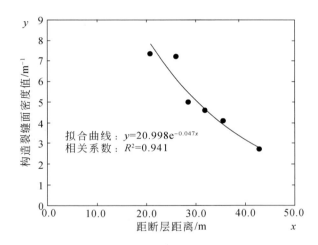

图 4-36　吐格尔明断背斜（YXH2）的裂缝面密度与距断层距离的相关关系图

4.3　小　　结

通过分析构造裂缝密度与断层、褶皱等因素之间的关系，建立库车拗陷东部地区各种因素控制构造裂缝发育的规律。

（1）粗碎屑岩的粒级对构造裂缝发育程度的影响差异不大，细碎屑岩的粒级对构造裂缝发育程度影响较大，在地层厚度相同且构造简单的条件下，粒级越细，构造裂缝密度值越高，越有利于裂缝发育。

（2）岩层越薄，构造裂缝密度越大，构造裂缝越发育；岩层越厚，越不利于构造裂缝的发育。当地层厚度达到一定范围（即临界厚度）后，层厚对构造裂缝的发育几乎没有影响，对库车拗陷东部地区而言，该临界厚度约为 0.5m。

（3）褶皱转折端的裂缝密度明显比两翼的高，并且褶皱陡翼裂缝要比缓翼发育。构造裂缝密度与距轴面的距离呈指数关系，随着距褶皱轴面距离的增大，构造裂缝密度呈指数减小。

（4）距离断层越近，构造裂缝越发育，并且在层厚和岩性相同时，主动盘比被动盘裂缝发育。构造裂缝密度与距断层距离呈指数关系，随着距断层距离的增大，构造裂缝密度呈指数减小。

第5章 构造裂缝发育机制

对野外露头构造裂缝进行观测和统计，虽然可以研究影响构造裂缝发育程度的各种因素和裂缝发育规律，但受出露条件限制、构造类型单一等因素的困扰，不能对构造裂缝的发育机制进行全面研究，也不能确定哪种因素是影响构造裂缝发育的主控因素。因构造裂缝是岩石在构造应力作用下脆性破裂的结果，所以可以利用弹性力学有限元数值模拟方法，通过设定各种因素的参数值（如断层的倾角）模拟裂缝的形成条件来分析构造裂缝的发育机制。

5.1 研究方法概述

Price（1966）根据岩石破裂形成裂缝是表面能不断增加的过程，提出构造裂缝的发育程度与岩石中的弹性应变能呈正比关系，认为具有相对较高应变能的岩石比同样厚度较低应变能的岩石发育更多的裂缝。

本次研究以 Price 提出的能量理论为基础，计算地质体在构造应力作用下产生的应变能密度（strain-energy density），利用变形产生的应变能密度来表征构造裂缝的发育程度，进行构造裂缝发育机制的研究。

一般来讲，地质体在构造应力作用下所产生的应变能密度可以表示为（Berra et al.，2012）：

$$u = \frac{1}{2} (\sigma_x \varepsilon_x + \sigma_y \varepsilon_y + \sigma_z \varepsilon_z + \tau_{xy} \gamma_{xy} + \tau_{yz} \gamma_{yz} + \tau_{zx} \gamma_{zx}) \tag{5-1}$$

用主应力表示为

$$u = \frac{1}{2E} [\sigma_1^2 + \sigma_2^2 + \sigma_3^2 - 2\nu (\sigma_1 \sigma_2 + \sigma_2 \sigma_3 + \sigma_3 \sigma_1)] \tag{5-2}$$

式中，E 为杨氏模量；ν 为泊松比。

应变能密度可以分为体积改变应变能密度（u_v）和形状改变应变能密度（u_d）（Beer et al.，2012）。

体积改变应变能密度（u_v）为

$$u_v = \frac{1-2\nu}{6E} (\sigma_1 + \sigma_2 + \sigma_3)^2 \tag{5-3}$$

形状改变应变能密度（u_d）为

$$u_d = \frac{1+\nu}{6E} [(\sigma_1 - \sigma_2)^2 + (\sigma_2 - \sigma_3)^2 + (\sigma_3 - \sigma_1)^2] \tag{5-4}$$

形状改变应变能密度与构造裂缝的发育有关，形状改变应变能密度越大，则构造裂缝越发育（石胜群，2008）。Von Mises 应力作为形状改变应变能密度的等效值，本章利用 Von Mises 应力等效应变能密度来表征构造裂缝的发育程度，Von Mises 应力越大，表明应

力越集中，应变能密度越高，越有利于发育裂缝，裂缝密度越高。表示为

$$u_{\text{Von}} = \left[\frac{(\sigma_1 - \sigma_2)^2 + (\sigma_2 - \sigma_3)^2 + (\sigma_3 - \sigma_1)^2}{2} \right]^{0.5} \tag{5-5}$$

Abaqus 软件运用拉格朗日算法，可以精确处理地质上的大应变和复杂接触问题。对于地质力学上非线性问题的处理，Abaqus 有限元软件也具有其独特的优势（Smart et al.，2012），可有效分析构造裂缝的发育机制，确定影响构造裂缝发育的主控因素。

构造裂缝的形成和发育是多种因素共同作用的结果，因此在分析构造裂缝发育的机制时需要采用单因素控制法。利用 Von Mises 应力作为判定构造裂缝发育的标准，设定当 Von Mises 应力超过 100MPa 时形成构造裂缝发育带，计算该构造裂缝发育带面积，分析构造裂缝发育带与各因素参数值之间的关系，研究各种因素影响构造裂缝发育的机制。

各种因素变量的单位各异，在进行对比分析各种因素控制构造发育机制之前，需要进行归一化处理，将各种因素变量转变为无量纲量。

目前主要存在两种归一化处理方式：最大–最小值归一化方法和高斯归一化方法，本次研究采用最大–最小值归一化方法（Ju et al.，2014）。

假设 $s_k (k=1, 2, 3, \cdots)$ 代表原始数据，那么最大–最小值归一化方法的公式可以表示为

$$s_k = \frac{s_k - s_{\min}}{s_{\max} - s_{\min}} \tag{5-6}$$

式中，s_k 为归一化后的数据；$s_{\min}$ 为原始数据中的最小值；$s_{\max}$ 为原始数据中的最大值。

5.2　褶皱的裂缝发育机制

在野外对褶皱的构造裂缝进行观测和统计分析，可以建立随着距褶皱轴面距离增大，褶皱的构造裂缝密度呈指数减小的规律性，但在褶皱形成过程中，压缩量和地层厚度等因素如何影响构造裂缝的发育，以比尤勒包谷孜背斜为例，研究褶皱形成过程中构造裂缝发育的机制。

利用平衡剖面原理恢复库姆格列木背斜的缩短率约为 11%。以背斜底部地层为研究对象，在 Abaqus 有限元数值模拟软件中建立库姆格列木背斜的二维初始构造力学模型（图 5-1）。

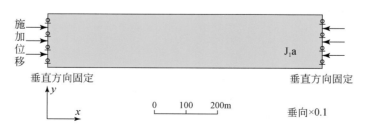

图 5-1　库姆格列木背斜的力学模型

对比库姆格列木背斜模拟过程分为两步进行：第一步，固定模型左边界和右边界 x 方向（$u_x = 0$）和底边界 x、y 方向（$u_x = u_y = 0$），然后整个模型在重力作用下达到平衡，以

实现地应力平衡过程。第二步，在模型的左边界和右边界各自施加 95m 的位移来模拟褶皱的变形过程，在此步骤中，模型左边界和右边界 y 方向（$u_y=0$）保持固定（图 5-1）。

在设定地层岩石力学参数的基础上（表 5-1），利用 Abaqus 软件模拟运算，结果显示在褶皱的核部和转折端部位 Von Mises（米泽斯）应力值较大（图 5-2），根据 Von Mises 应力值可以等效表征构造裂缝发育程度，说明褶皱的核部和转折端部位的构造裂缝较发育。

表 5-1 库姆格列木背斜模型岩石力学参数

地层	h	ρ	E	ν	φ	ψ	C
砂岩	23	2510	12.51	0.23	44.77	22.38	21.38

注：h. 地层厚度（m）；ρ. 密度（kg/m³）；E. 杨氏模量（GPa）；ν. 泊松比；φ. 内摩擦角（°）；ψ. 剪胀角（°）；C. 内聚力（MPa）。

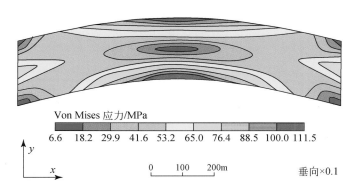

图 5-2 库姆格列木背斜的 Von Mises 应力等值线模拟结果

根据野外露头构造裂缝观测和统计的结果，第 5 个构造裂缝测量点褶皱转折端处的裂缝密度最高为 24.8m⁻¹（图 4-24），数值模拟计算后该褶皱转折端附近的 Von Mises 应力值也最高（图 5-2），Von Mises 应力分布与野外实测构造裂缝密度分布较为一致，表明所建立的模型、边界条件及载荷等较合适，可用于构造裂缝发育机制的研究。

5.2.1 压缩量因素

在褶皱模型中保持地层厚度为 23m 不变，改变压缩量大小，分析压缩量因素影响构造裂缝发育的机制。

模拟结果显示，随着压缩量的增大，数值模拟后得到的 Von Mises 应力值也具有增大的趋势（图 5-3），根据 Von Mises 应力表征构造裂缝发育程度，说明构造裂缝随着压缩量的增大而更为发育。

在此模拟结果基础上，建立构造裂缝发育带面积与压缩量之间的关系，拟合后二者具有很好的线性关系（图 5-4a）：

$$y=3.818x+204.103\,(R^2=0.985) \tag{5-7}$$

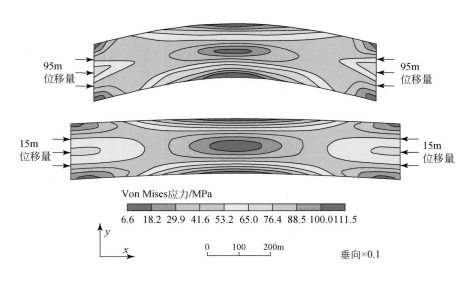

图 5-3　褶皱模型改变位移量有限元数值模拟结果

式中，y 为褶皱模型中构造裂缝发育带的面积（m²）；x 为压缩量（m）；R 为相关系数。

在库姆格列木背斜模型中，在保持地层厚度不变的前提下，压缩量越大，模拟后得到的 Von Mises 应力也越大，构造裂缝越发育，构造裂缝发育带面积与压缩量之间具有很好的线性关系（图 5-4a）。

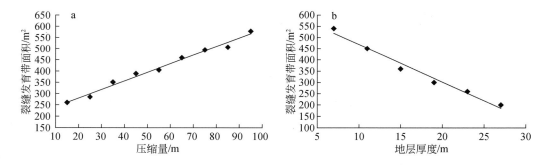

图 5-4　褶皱模型中构造裂缝发育带面积与影响因素关系拟合图

a. 压缩量因素；b. 地层厚度因素

5.2.2　地层厚度因素

在褶皱模型中保持压缩量为 95m 不变，改变地层厚度，分析地层厚度因素影响构造裂缝发育的机制。

模拟结果显示，随着地层厚度的减小，数值模拟后得到的 Von Mises 应力具有增大的趋势（图 5-5），根据 Von Mises 应力表征构造裂缝发育程度，说明构造裂缝随着地层厚度的减小而更为发育。

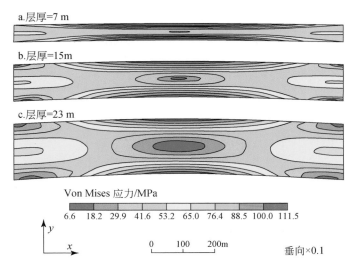

图 5-5　褶皱模型改变地层厚度有限元数值模拟结果

在此模拟结果基础上，建立构造裂缝发育带面积与地层厚度之间的关系，拟合后二者具有很好的线性关系（图 5-4b）：

$$y = -16.643x + 634.595(R^2 = 0.978) \tag{5-8}$$

式中，y 为褶皱模型中构造裂缝发育带的面积（m²）；x 为地层厚度（m）；R 为相关系数。

在库姆格列木背斜模型中，在保持压缩量不变的前提下，地层厚度越小，模拟后得到的 Von Mises 应力值越大，构造裂缝越发育，构造裂缝发育带面积与地层厚度之间具有很好的线性关系（图 5-4b）。

统计位移量因素和地层厚度因素与褶皱模型中构造裂缝发育带面积的关系（表 5-2）。通过对比分析，地层厚度因素具有更大的归一化斜率值（表 5-2），认为地层厚度是影响褶皱形成过程中构造裂缝发育的主控因素。

表 5-2　各影响因素与构造裂缝发育带面积关系式统计

因素	关系式	相关系数（R^2）	归一化斜率
位移量	$y = 3.818x + 204.103$	0.985	305.467
地层厚度	$y = -16.643x + 634.595$	0.978	332.857

5.3　走滑断层相关的裂缝发育机制

对走滑断层附近发育的构造裂缝进行观测和统计分析，可以建立随着距断层距离的增大，构造裂缝密度呈指数减小的规律，但在走滑断层形成过程中，断层滑移量、挤压应力和断层摩擦系数等因素如何影响和控制构造裂缝的发育，以阿合压扭性走滑断层为例（图 5-6）（侯贵廷和潘文庆，2013），研究走滑断层形成过程中裂缝的发育机制。

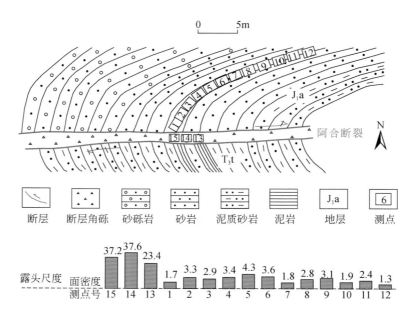

图 5-6　阿合走滑断层裂缝密度剖面图

通过野外地质分析，阿合压扭性走滑断层的断距约为 1200m，在 Abaqus 有限元软件中建立该走滑断层的二维初始构造模型（图 5-7）。

数值模拟中对于断层的处理，采用经典的库仑摩擦模型［式（5-9）］。在阿合压扭性走滑断层模型中，断层摩擦系数设定为 0.01。

$$[\tau]=\mu\,\sigma_{N} \tag{5-9}$$

式中，$[\tau]$ 为抗剪强度；μ 为摩擦系数；σ_{N} 为正应力。

在模型中，两侧分别施加挤压应力表征压扭性，断层两盘施加相对位移模拟走滑过程（图 5-7）。

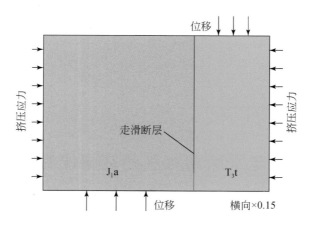

图 5-7　阿合压扭性走滑断层的力学模型

　　设定岩石力学参数以保证模拟过程的真实性和可行性，在阿合压扭性走滑断层模型中，岩石力学参数的设定如表 5-3 所示。

表 5-3　阿合走滑断层模型岩石力学参数

地层	ρ	E	ν	φ	ψ	C
J_1a	2510	12.51	0.23	44.77	22.38	21.38
T_3t	2360	13.36	0.22	44.78	22.39	25.96

注：ρ. 密度（kg/m³）；E. 杨氏模量（GPa）；ν. 泊松比；φ. 摩擦角（°）；ψ. 剪胀角（°）；C. 内聚力（MPa）。

　　在走滑断层附近，模拟后得到的 Von Mises 应力值较高，而远离断层的部位 Von Mises 应力值较低（图 5-8），根据 Von Mises 应力表征构造裂缝发育程度，说明走滑断层附近构造裂缝较为发育。

　　对比野外实测构造裂缝密度的分布情况和数值模拟的结果，模拟后得到的 Von Mises 应力分布与野外构造裂缝密度的分布具有较好的一致性（图 5-8），表明该模型的构建和边界条件的施加等都比较准确，其模拟结果较为可信，可以表征走滑断层中构造裂缝的发育情况并用于构造裂缝发育机制的研究。

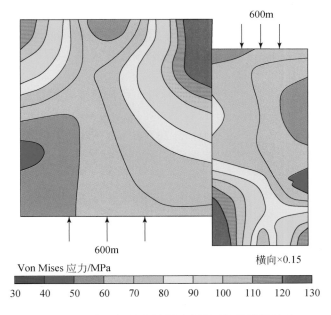

图 5-8　阿合压扭性走滑断层有限元数值模拟结果

5.3.1　断层滑移量因素

　　在走滑断层模型中保持挤压应力为 10MPa 和断层摩擦系数为 0.01 不变，改变断层滑移量大小，分析断层滑移量因素影响构造裂缝发育的机制（图 5-9）。

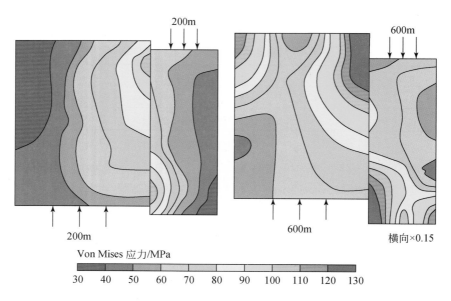

Von Mises 应力/MPa

30　40　50　60　70　80　90　100　110　120　130

图 5-9　压扭性走滑断层模型改变断层滑移量有限元数值模拟结果

　　模拟结果显示，随着断层滑移量的增大，模拟后得到的 Von Mises 应力值具有增大的趋势（图 5-9），根据 Von Mises 应力表征构造裂缝发育程度，说明构造裂缝随着断层滑移量的增大而更为发育。

　　在此模拟结果基础上，建立构造裂缝发育带面积与断层滑移量之间的关系，拟合后二者具有很好的线性关系（图 5-10a）：

$$y = 39.000x - 5.287 (R^2 = 0.966) \tag{5-10}$$

式中，y 为压扭性走滑断层模型中构造裂缝发育带的面积（m^2）；x 为断层滑移量（m）；R 为相关系数。

　　阿合走滑断层模型中，在保持挤压应力和断层摩擦系数不变的前提下，断层滑移量越大，模拟后得到的 Von Mises 应力值也越大，构造裂缝越发育，构造裂缝发育带面积与断层滑移量之间具有很好的线性关系（图 5-10a）。

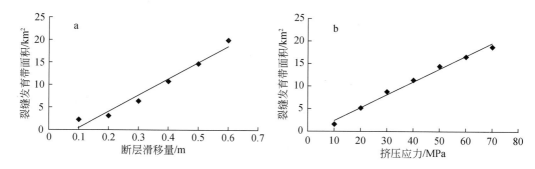

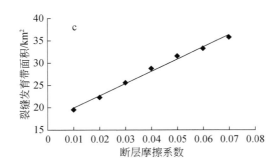

图 5-10　压扭性走滑断层模型中构造裂缝发育带面积与影响因素关系拟合图
a. 断层滑移量因素；b. 挤压应力因素；c. 断层摩擦系数因素

5.3.2　挤压应力因素

在走滑断层模型中保持断层滑移量为 200m 和断层摩擦系数为 0.01 不变，改变挤压应力，分析挤压应力因素影响构造裂缝发育的机制。

模拟结果显示，随着挤压应力的增大，模拟后得到的 Von Mises 应力值也具有增大的趋势（图 5-11），根据 Von Mises 应力表征构造裂缝发育程度，说明构造裂缝随着挤压应力的增大而更为发育。

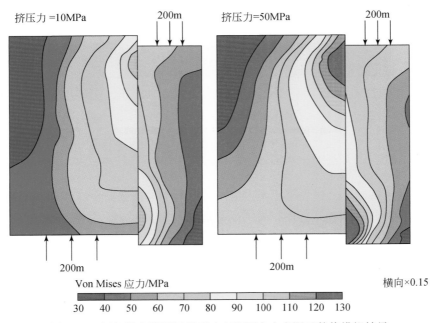

图 5-11　压扭性走滑断层模型改变挤压应力有限元数值模拟结果

在此模拟结果基础上，建立压扭性走滑断层模型中构造裂缝发育带面积与挤压应力之间的关系，拟合后二者具有很好的线性关系（图 5-10b）：

$$y = 0.286x - 0.557 (R^2 = 0.980) \tag{5-11}$$

式中，y 为压扭性走滑断层模型中构造裂缝发育带的面积（m^2）；x 为挤压应力（MPa）；R 为相关系数。

阿合走滑断层模型中，在断层滑移量和断层摩擦系数不变的前提下，挤压应力越大，模拟后得到的 Von Mises 应力也越大，表明构造裂缝越发育，构造裂缝发育带面积与挤压应力之间具有很好的线性关系（图 5-10b）。

5.3.3　断层摩擦系数因素

在走滑断层模型中保持断层滑移量为 600m 和挤压应力 10MPa 不变，改变断层摩擦系数，分析断层摩擦系数因素影响构造裂缝发育的机制。

模拟结果显示，随着断层摩擦系数的增大，模拟后所得到的 Von Mises 应力值也具有增大的趋势（图 5-12），根据 Von Mises 应力表征构造裂缝发育程度，说明构造裂缝随着断层摩擦系数的增大而更为发育。

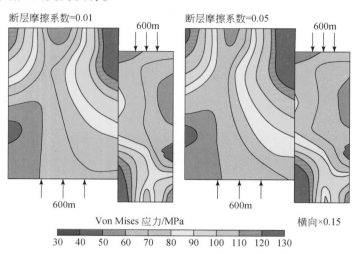

图 5-12　压扭性走滑断层模型改变断层摩擦系数有限元数值模拟结果

在此模拟结果基础上，建立压扭性走滑断层模型中构造裂缝发育带面积与断层摩擦系数之间的关系，拟合后二者具有很好的线性关系（图 5-10c）：

$$y = 274.643x + 17.143 (R^2 = 0.982) \tag{5-12}$$

式中，y 为压扭性走滑断层模型中构造裂缝发育带的面积（m^2）；x 为断层摩擦系数；R 为相关系数。

阿合走滑断层模型中，在断层滑移量和挤压应力不变的前提下，断层摩擦系数越大，模拟后得到的 Von Mises 应力也越大，表明构造裂缝越发育，构造裂缝发育带面积与断层摩擦系数之间具有很好的线性关系（图 5-10c）。

统计断层滑移量、挤压应力和断层摩擦系数因素与压扭性走滑断层模型中构造裂缝发育带面积的关系（表 5-4）。

表 5-4　各影响因素与构造裂缝发育带面积关系式统计

因素	关系式	相关系数（R^2）	归一化斜率
断层滑移量	$y=39.000x-5.284$	0.966	19.500
挤压应力	$y=0.286x-0.557$	0.980	17.164
断层摩擦系数	$y=274.643x+17.143$	0.982	16.479

通过对比分析，断层滑移量因素具有最大的归一化斜率值（表 5-4），认为断层滑移量是影响压扭性走滑断层形成过程中构造裂缝发育的主控因素。

5.4　逆冲断层相关的裂缝发育机制

对逆冲断层附近发育的构造裂缝进行观测和统计分析，可以建立随着距断层距离的增大，构造裂缝密度呈指数减小的规律，但在逆冲断层形成过程中，断层滑移量、断层倾角和断层摩擦系数等因素如何影响和控制构造裂缝的发育，以阳霞煤矿逆冲断层为例（图 5-13）（侯贵廷和潘文庆，2013），研究逆冲断层形成过程中构造裂缝的发育机制。

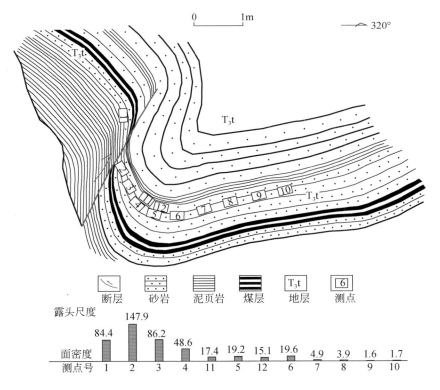

图 5-13　阳霞煤矿逆断层裂缝密度剖面图

据野外地质分析，阳霞煤矿逆冲断层断距约为 1.80m，断层倾角约为 65°，在 Abaqus 软件中建立该逆冲断层的二维初始构造力学模型（图 5-14）。对阳霞煤矿逆冲断层模型中

根据野外实测构造裂缝的密度统计，在断层上盘靠近断层的部位，构造裂缝密度最高为 84.4m^{-1}（侯贵廷和潘文庆，2013），模拟结果中该部位的 VonMises 应力值也同样最高，在 80MPa 以上。在远离断层的第 9 和第 10 测点，构造裂缝密度仅为 1.5m^{-1} 左右，模拟结果中该处的 Von Mises 应力值同样也仅为 $30\sim40$MPa。

通过对比分析，数值模拟得到的 Von Mises 应力与野外构造裂缝密度分布具有较好的对应关系，Von Mises 应力值较大的部位，野外实测构造裂缝密度值也较高，表明该模型的构建和边界条件的施加都比较准确，模拟结果较为可信，可以表征逆冲断层中构造裂缝的发育情况并进行构造裂缝发育机制的研究。

5.4.1　断层滑移量因素

在逆冲断层模型中保持断层倾角为 45° 和断层摩擦系数为 0.01 不变，改变断层滑移量，分析滑移量因素影响构造裂缝发育的机制（图 5-16）。

模拟结果显示，随着断层滑移量的增大，模拟后得到的 Von Mises 应力值具有增大的趋势（图 5-16），根据 Von Mises 应力表征构造裂缝发育程度，说明构造裂缝随着断层滑移量的增大而更为发育。

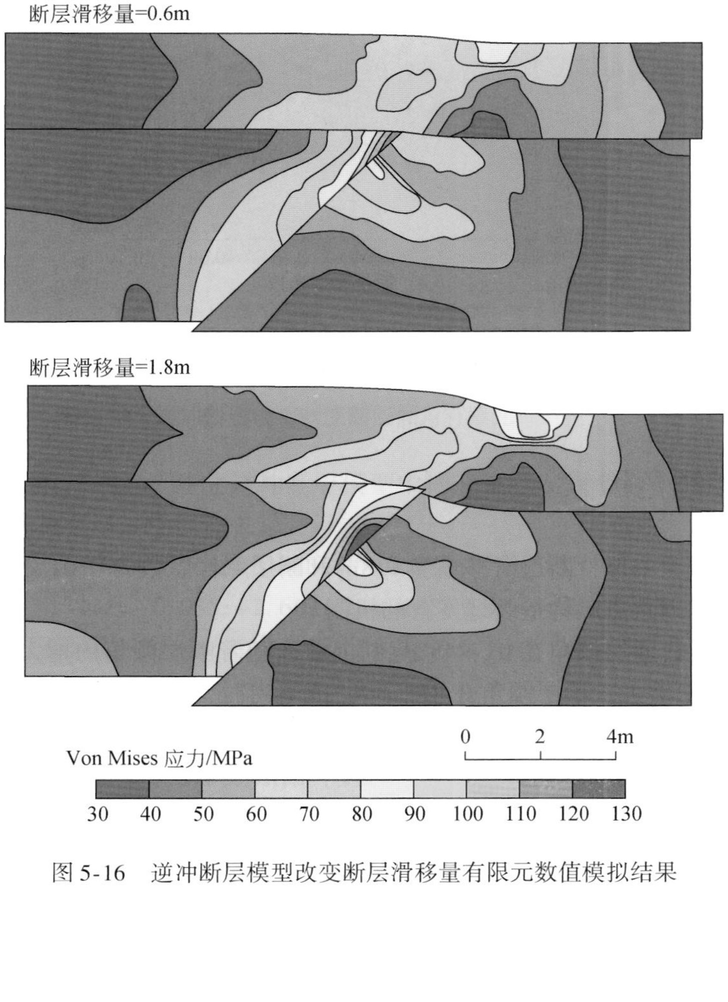

断层滑移量=0.6m

断层滑移量=1.8m

Von Mises 应力/MPa

0　　　2　　　4m

30　40　50　60　70　80　90　100　110　120　130

图 5-16　逆冲断层模型改变断层滑移量有限元数值模拟结果

　　根据野外实测构造裂缝的密度统计，在断层上盘靠近断层的部位，构造裂缝密度最高为 84.4m^{-1}（侯贵廷和潘文庆，2013），模拟结果中该部位的 VonMises 应力值也同样最高，在 80MPa 以上。在远离断层的第 9 和第 10 测点，构造裂缝密度仅为 1.5m^{-1} 左右，模拟结果中该处的 Von Mises 应力值同样也仅为 30~40MPa。

　　通过对比分析，数值模拟得到的 Von Mises 应力与野外构造裂缝密度分布具有较好的对应关系，Von Mises 应力值较大的部位，野外实测构造裂缝密度值也较高，表明该模型的构建和边界条件的施加都比较准确，模拟结果较为可信，可以表征逆冲断层中构造裂缝的发育情况并进行构造裂缝发育机制的研究。

5.4.1　断层滑移量因素

　　在逆冲断层模型中保持断层倾角为 45° 和断层摩擦系数为 0.01 不变，改变断层滑移量，分析滑移量因素影响构造裂缝发育的机制（图 5-16）。

　　模拟结果显示，随着断层滑移量的增大，模拟后得到的 Von Mises 应力值具有增大的趋势（图 5-16），根据 Von Mises 应力表征构造裂缝发育程度，说明构造裂缝随着断层滑移量的增大而更为发育。

断层滑移量=0.6m

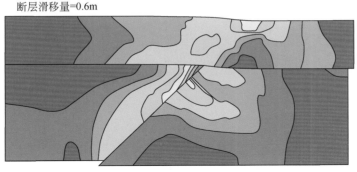

断层滑移量=1.8m

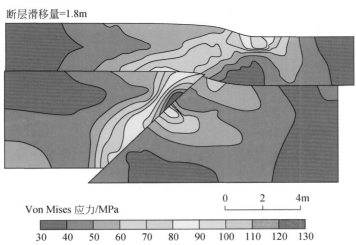

图 5-16　逆冲断层模型改变断层滑移量有限元数值模拟结果

在此模拟结果基础上，建立逆冲断层模型中构造裂缝发育带面积与断层滑移量之间的关系，拟合后二者具有很好的线性关系（图 5-17a）：

$$y=0.650x-0.089(R^2=0.982) \tag{5-13}$$

式中，y 为逆冲断层模型中构造裂缝发育带的面积（m^2）；x 为断层滑移量（m）；R 为相关系数。

阳霞煤矿逆冲断层模型中，在保持断层倾角和断层摩擦系数不变的前提下，断层滑移量越大，模拟后得到的 Von Mises 应力值也越大，表明构造裂缝越发育，构造裂缝发育带面积与断层滑移量之间具有很好的线性关系（图 5-17a）。

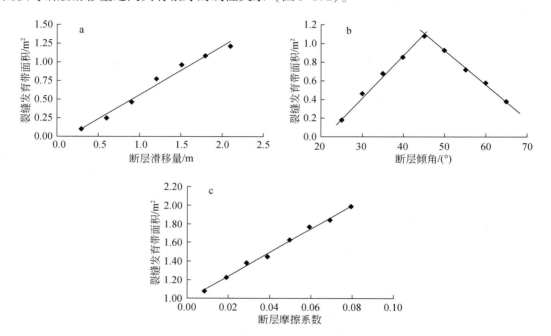

图 5-17　逆冲断层模型中构造裂缝发育带面积与影响因素关系拟合图
a. 断层滑移量因素；b. 断层倾角因素；c. 断层摩擦系数因素

5.4.2　断层倾角因素

在逆冲断层模型中保持断层滑移量为 1.8m 和断层摩擦系数为 0.01 不变，改变断层倾角，分析断层倾角因素影响构造裂缝发育的机制。

模拟结果显示，断层倾角在 0°~45°范围内时，随着断层倾角的增大，模拟后得到的 Von Mises 应力值也增大；断层倾角在 45°~90°范围内时，随着断层倾角的增大，模拟后得到的 Von Mises 应力值具有减小的趋势（图 5-18）。

根据 Von Mises 应力表征构造裂缝发育程度，断层倾角在 0°~45°范围内时，构造裂缝随着断层倾角的增大而更为发育；断层倾角在 45°~90°范围内时，构造裂缝随着断层倾角的增大而越不发育。

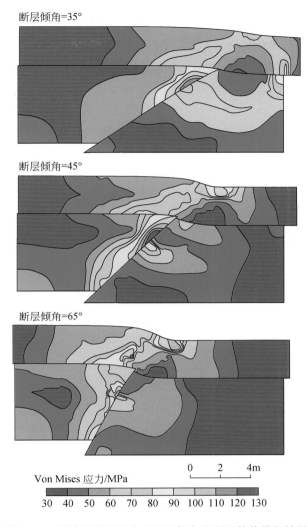

图 5-18　逆冲断层模型改变断层倾角有限元数值模拟结果

　　在此模拟结果的基础上，建立逆冲断层模型中构造裂缝发育带面积与断层倾角之间的关系，拟合后二者具有很好的线性关系：

$$y=0.043x-0.883\,(R^2=0.983;0°<x<45°) \tag{5-14a}$$
$$y=-0.035x+2.663\,(R^2=0.986;45°<x<90°) \tag{5-14b}$$

式中，y 为逆冲断层模型中构造裂缝发育带的面积（m^2）；x 为断层倾角（°）；R 为相关系数。

　　阳霞煤矿逆冲断层模型中，在保持断层滑移量和摩擦系数不变的前提下，断层倾角在 0°~45° 范围内，构造裂缝随着倾角的增大而更为发育；在 45°~90° 范围内，构造裂缝随着倾角的增大而越不发育。构造裂缝发育带面积与断层倾角之间具有很好的线性关系。

5.4.3　断层摩擦系数因素

在逆冲断层模型中保持断层滑移量为 1.8m 和断层倾角为 45°不变，改变断层摩擦系数，分析断层摩擦系数影响构造裂缝发育的机制。

模拟结果显示，随着断层摩擦系数的增大，模拟后得到的 Von Mises 应力值也具有增大的趋势（图 5-19），根据 Von Mises 应力表征构造裂缝发育程度，说明构造裂缝随着断层摩擦系数的增大而更为发育。

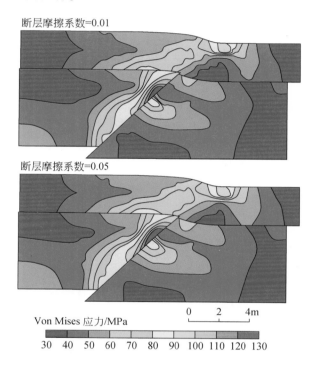

图 5-19　逆冲断层模型改变断层摩擦系数有限元数值模拟结果

在此模拟结果基础上，建立逆冲断层模型中构造裂缝发育带面积与断层摩擦系数之间的关系，拟合后发现二者具有很好的线性关系：

$$y = 12.917x + 0.967 \quad (R^2 = 0.983) \tag{5-15}$$

式中，y 为逆冲断层模型中构造裂缝发育带的面积（m^2）；x 为断层摩擦系数；R 为相关系数。

阳霞煤矿逆冲断层模型中，在保持断层倾角和滑移量不变的前提下，断层摩擦系数越大，模拟后得到的 Von Mises 应力也越大，构造裂缝越发育，构造裂缝发育带面积与断层摩擦系数之间具有很好的线性关系。

统计断层滑移量、断层倾角和断层摩擦系数因素与简单逆冲断层模型中构造裂缝发育带面积的关系（表 5-6）。

表 5-6　影响因素与构造裂缝发育带面积关系式统计

因素	关系式	相关系数（R^2）	归一化斜率
断层滑移量	$y = 0.650x - 0.089$	0.982	1.170
断层倾角	$y = 0.043x - 0.883$	0.983	1.752
	$y = -0.035x + 2.663$	0.986	1.400
断层摩擦系数	$y = 12.917x + 0.967$	0.983	0.904

通过对比分析，断层倾角因素具有最大的归一化斜率值（表 5-6），认为断层倾角是影响简单逆冲断层形成过程中构造裂缝发育的主控因素。

5.5　断背斜的裂缝发育机制

对断层相关褶皱中发育的构造裂缝进行观测和统计，可以建立随着距断层距离增大，构造裂缝密度呈指数减小的规律，但在断层相关褶皱形成过程中，断层滑移量、断坡初始角、地层摩擦系数和断层摩擦系数等因素如何影响和控制构造裂缝的发育，以克孜勒努尔断层转折褶皱为代表（图 5-20）（侯贵廷和潘文庆，2013），研究断层相关褶皱形成过程中构造裂缝的发育机制，确定影响构造裂缝发育的主控因素。

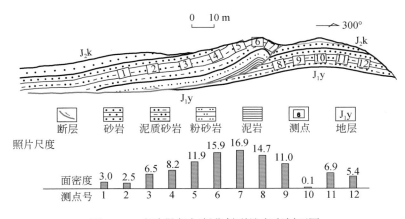

图 5-20　克孜勒努尔断背斜裂缝密度剖面图

根据平衡剖面原理恢复克孜勒努尔断层转折褶皱，其断层滑移量约为 20m（图 5-20），在 Abaqus 有限元软件中建立克孜努尔断层转折褶皱的二维初始构造力学模型（图 5-21）。

在克孜勒努尔断层转折褶皱模型中（图 5-21），对于断层和地层的处理，采用经典的库仑摩擦模型，断层面施加 0.01 的摩擦系数，地层之间的摩擦系数设定为 0.25。

模拟过程分为两步进行：第一步，固定模型左、右边界 x 方向（$u_x = 0$）和底边界 x、y 方向（$u_x = u_y = 0$），然后整个模型在重力作用下达到平衡，以实现地应力平衡过程。第二步，在模型的左边界施加 20m 的滑移位移来模拟断层转折褶皱的变形过程，在此步骤中，模型右边界 x 方向（$u_x = 0$）和底边界 x、y 方向（$u_x = u_y = 0$）保持固定（图 5-22）。

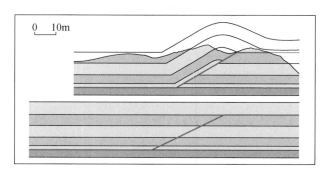

图 5-21　克孜勒努尔断层转折褶皱平衡剖面恢复图

红线表示断层；恢复断层滑移量约为 20m

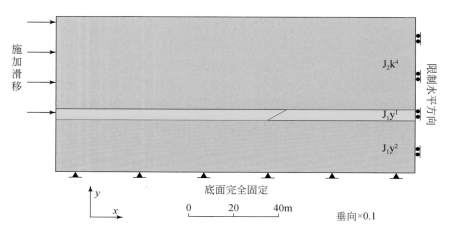

图 5-22　克孜勒努尔断层转折褶皱的力学模型

红线条表示断层接触，摩擦系数为 0.01；绿线条表示地层接触，摩擦系数为 0.25

　　岩石力学性质会直接影响应力分布和岩石的变形行为，同时也为保证模拟过程的真实性和可行性，需要设定岩石力学参数（表 5-7）。

表 5-7　克孜勒努尔断层转折褶皱模型岩石力学参数

地层	h	ρ	E	ν	φ	ψ	C
J_2k^4	420	2350	16.36	0.25	42.78	21.39	20.58
J_1y^1	50	2430	15.87	0.28	38.66	19.33	18.87
J_1y^2	240	2310	12.68	0.32	36.76	18.38	16.89

注：h. 厚度（m），参照克孜勒努尔地区克孜 1 井地层厚度；ρ. 密度（kg/m³）；E. 杨氏模量（GPa）；ν. 泊松比；φ. 摩擦角（°）；ψ. 剪胀角（°）；C. 内聚力（MPa）。

　　模拟结果显示，在断层转折褶皱的下盘断坡附近处产生不对称褶皱（图 5-23）。由于较大的 Von Mises 应力更有利于发育构造裂缝，在断层相关褶皱的核部地区构造裂缝比较发育，但由于模型中设定的断层摩擦系数很小（断层摩擦系数为 0.01），因而没有产生在断层附近应力集中的现象（图 5-23）。

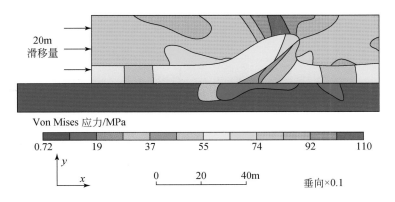

图 5-23　野外观察范围内克孜勒努尔断层转折褶皱模拟结果

　　在克孜勒努尔断层转折褶皱模型中，Abaqus 数值模拟后得到的 Von Mises 应力的分布情况与野外实测构造裂缝密度的分布情况较为一致。在野外第 6 个和第 7 个实测构造裂缝测量点，其裂缝密度分别高达 15.9m^{-1}和 16.9m^{-1}，模拟结果中该两点附近的 Von Mises 应力值也较高（图 5-23）。在断层转折褶皱的核部（或转折端）或者断层附近，会产生区别于区域构造应力场的局部应力场（Gudmundsson et al.，2010），在局部构造应力场的作用下，岩石更容易破碎，构造裂缝更为发育。

　　野外实测构造裂缝密度的分布情况与模拟结果存在不一致的地方在于：野外中第 10 个构造裂缝测量点的构造裂缝密度仅为 5.4m^{-1}，但是在模拟结果显示的 Von Mises 应力值却偏高（图 5-23）。造成此差异的主要原因是：在克孜勒努尔断层转折褶皱的模拟过程中，右侧边界水平方向固定，因而会在边界效应作用下导致该部位应力集中。

5.5.1　断层滑移量因素

　　在断层转折褶皱模型中，设定断层摩擦系数为 0.01，地层摩擦系数为 0.25，断坡初始角为 30°，改变断层滑移量，分析断层滑移量因素影响构造裂缝发育的机制。

　　模拟结果显示，随着断层滑移量的增大，模拟后得到的 Von Mises 应力值也具有增大的趋势（图 5-24），由于较大的 Von Mises 应力更有利于发育构造裂缝，说明断层转折褶皱中构造裂缝随着断层滑移量的增大而更为发育。

　　在此模拟结果基础上，建立断层转折褶皱模型中构造裂缝发育带面积与断层滑移量之间的关系，拟合后二者具有很好的线性关系（图 5-25a）：

$$y = 3.542x + 472.745\,(R^2 = 0.982) \tag{5-16}$$

式中，y 为克孜勒努尔断层转折褶皱模型中构造裂缝发育带的面积（m^2）；x 为断层滑移量（m）；R 为相关系数。

　　克孜勒努尔断层转折褶皱中，在保持断层摩擦系数、地层摩擦系数及断坡初始角不变

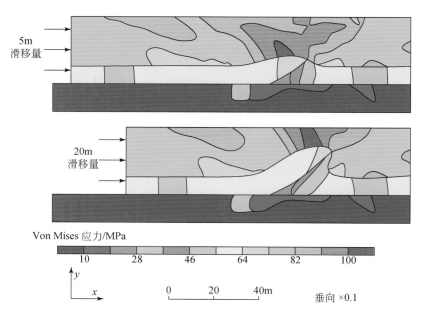

图 5-24　克孜勒努尔断层转折褶皱改变断层滑移量模拟结果

的前提下，断层滑移量越大，模拟后得到的 Von Mises 应力也越大，表明构造裂缝越发育，构造裂缝发育带面积与断层滑移量之间具有很好的线性关系（图 5-25a）。

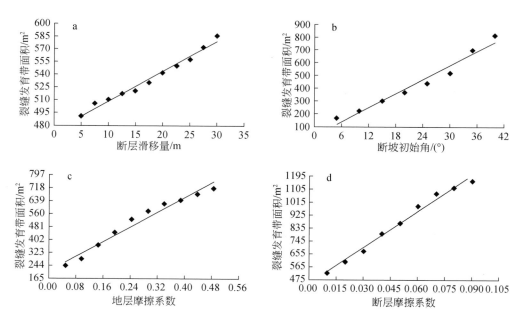

图 5-25　断层转折褶皱模型中构造裂缝发育带面积与影响因素关系拟合图
a. 断层滑移量因素；b. 断坡初始角因素；c. 地层摩擦系数因素；d. 断层摩擦系数因素

5.5.2　断坡初始角因素

　　由于实际中断层转折褶皱的断坡初始角很难超过 45°，因而在讨论断坡初始角影响构造裂缝发育机制时，断坡初始角的改变范围控制在 0°~45°范围。设定断层摩擦系数为 0.01，地层摩擦系数为 0.25，断层滑移量为 15m，改变断坡初始角，分析断坡初始角因素影响构造裂缝发育的机制。

　　模拟结果显示，随着断坡初始角的增大，模拟后得到的 Von Mises 应力值也具有增大的趋势（图 5-26），由于较大的 Von Mises 应力更有利于发育构造裂缝，说明断层转折褶皱中构造裂缝随着断坡初始角的增大而更为发育。

　　在此模拟结果基础上，建立断层转折褶皱模型中构造裂缝发育带面积与断坡初始角之间的关系，拟合后发现二者具有很好的线性关系（图 5-25b）：

$$y = 18.333x + 28.750 \ (R^2 = 0.966) \tag{5-17}$$

式中，y 为克孜勒努尔断层转折褶皱模型中构造裂缝发育带的面积（m^2）；x 为断坡初始角（°）；R 为相关系数。

　　克孜勒努尔断层转折褶皱模型中，在保持断层摩擦系数、地层摩擦系数及断层滑移量不变的前提下，断坡初始角在 0°~45°范围内时，其值越大，模拟后得到的 Von Mises 应力也越大，表明构造裂缝越发育，构造裂缝发育带面积与断坡初始角之间具有很好的线性关系（图 5-25b）。

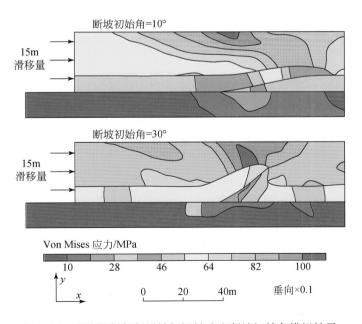

图 5-26　克孜勒努尔断层转折褶皱改变断坡初始角模拟结果

5.5.3　地层摩擦系数因素

在断层转折褶皱模型中设定断层摩擦系数为0.01，断层滑移量为15m，断坡初始角为30°，改变地层摩擦系数，分析地层摩擦系数因素影响构造裂缝发育的机制。

模拟结果显示，随着地层摩擦系数的增大，模拟后得到的Von Mises应力也具有增大的趋势（图5-27），由于较大的Von Mises应力更有利于发育构造裂缝，说明构造裂缝随着地层摩擦系数的增大而更为发育。

在此模拟结果基础上，建立断层转折褶皱模型中构造裂缝发育带面积与地层摩擦系数之间的关系，拟合后二者具有很好的线性关系（图5-25c）：

$$y = 1110.667x + 204.067 (R^2 = 0.967) \tag{5-18}$$

式中，y为克孜勒努尔断层转折褶皱模型中构造裂缝发育带的面积（m^2）；x为地层摩擦系数；R为相关系数。

克孜勒努尔断层转折褶皱模型中，在保持断层摩擦系数、断坡倾角和断层滑移量不变的前提下，地层摩擦系数越大，模拟后得到的Von Mises应力也越大，表明构造裂缝越发育，构造裂缝发育带面积与地层摩擦系数之间具有很好的线性关系（图5-25c）。

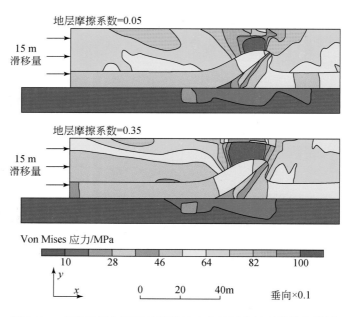

图5-27　克孜勒努尔断层转折褶皱改变地层摩擦系数模拟结果

5.5.4　断层摩擦系数因素

在断层转折褶皱模型中设定地层摩擦系数为0.25，断层滑移量为15m，断坡初始角为30°，改变断层摩擦系数，分析断层摩擦系数因素影响构造裂缝发育的机制。

　　模拟结果显示，随着断层摩擦系数的增大，模拟后得到的 Von Mises 应力也具有增大的趋势（图 5-28），由于较大的 Von Mises 应力更有利于发育构造裂缝，说明构造裂缝随着断层摩擦系数的增大而更为发育。

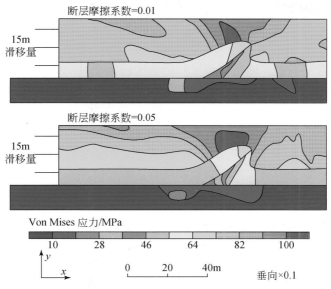

图 5-28　克孜勒努尔断层转折褶皱改变断层摩擦系数模拟结果

　　在此模拟结果基础上，建立断层转折褶皱模型中构造裂缝发育带面积与断层摩擦系数之间的关系，拟合后二者具有很好的线性关系（图 5-25d）：

$$y = 8468.333x + 448.583\,(R^2 = 0.986) \tag{5-19}$$

式中，y 为克孜勒努尔断层转折褶皱模型中构造裂缝发育带的面积（m^2）；x 为断层摩擦系数；R 为相关系数。

　　克孜勒努尔断层转折褶皱模型中，在保持地层摩擦系数、断坡初始角和断层滑移量不变的前提下，断层摩擦系数越大，模拟后得到的 Von Mises 应力也越大，表明构造裂缝越发育，构造裂缝发育带面积与断层摩擦系数之间具有很好的线性关系（图 5-25d）。

　　统计断层滑移量、断坡初始角、地层摩擦系数和断层摩擦系数因素与断层转折褶皱模型中构造裂缝发育带面积的关系（表 5-8）。

表 5-8　各影响因素与构造裂缝发育带面积关系式统计

因素	关系式	相关系数（R^2）	归一化斜率
滑移量	$y = 3.542x + 472.745$	0.982	88.545
断坡初始角	$y = 18.333x + 28.750$	0.966	641.667
地层摩擦系数	$y = 1110.667x + 204.067$	0.967	499.800
断层摩擦系数	$y = 8468.333x + 448.583$	0.986	677.467

　　通过对比分析，断层摩擦系数因素具有最大的归一化斜率值（表 5-8），认为断层摩擦系数是影响断层转折褶皱形成过程中构造裂缝发育的主控因素，其次是断坡初始角因素。

在野外露头构造裂缝观测和统计的基础上，利用单因素控制法和弹塑性有限元数值模拟对不同构造形成过程中构造裂缝的发育机制进行研究，确定库车拗陷内不同构造中影响裂缝发育的主控因素：

（1）褶皱模型中，地层厚度越小、压缩量越大时，构造裂缝越发育。地层厚度是影响褶皱形成过程中构造裂缝发育的主控因素。

（2）压扭性走滑断层模型中，断层滑移量、断层摩擦系数和挤压应力越大时，压扭性走滑断层内构造裂缝越发育。断层滑移量是影响压扭性走滑断层形成过程中构造裂缝发育的主控因素。

（3）简单逆冲断层模型中，断层滑移量和摩擦系数越大、断层倾角接近45°时，构造裂缝越发育。断层倾角是影响简单逆冲断层形成过程中构造裂缝发育的主控因素。

（4）断层转折褶皱模型中，断层滑移量、断坡初始角（在0°~45°范围内）、地层摩擦系数和断层摩擦系数越大时，构造裂缝越发育。断层摩擦系数是影响断层转折褶皱形成过程中构造裂缝发育的主控因素。

5.6　膏盐层邻近致密砂岩的构造裂缝发育机制

与砂岩和石灰岩相比，膏盐层（包括盐和石膏）具有密度较小、弹性模量较小和地下较高温压条件下已发生流变的力学性质（图5-28）。膏盐层可以作为很好的滑脱层。在滑脱层膏盐层之上发育的褶皱冲断带这类薄皮构造的变形样式主要取决于上覆地层沿着盐岩滑脱面与下伏岩层之间的摩擦阻力（戈红星，1996）。在褶皱冲断带中膏盐层通常作为软弱的滑脱水平层，但膏盐层随着深度和温度增加可承受的差应力急剧减小，很容易发生变形，因此膏盐层表现为软弱的滑脱层，而石英随着深度和温度增加可承受的差应力可以继续增大，不易变形，因此砂岩层表现为能干层（Dan and Englder，1985）（图5-29）。

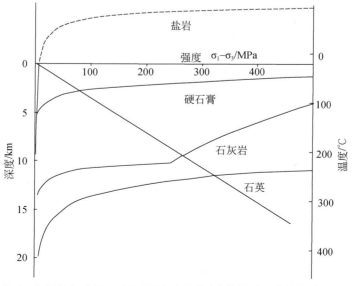

图5-29　不同类型岩石（包括盐和石膏）可承受差应力的强度与深度和温度的关系（Dan and Englder，1985）

　　以北美阿巴拉契亚冲断带为例，盐的存在使得褶皱冲断带常形成一些长波长的宽缓的向斜及陡立的背斜以及对称的褶皱，盐体的边界通常也控制了褶皱带前缘的应变幅度以及不规则构造的形成。膏盐层在构造变形过程中可以起到解耦作用，使得其可以作为滑脱层滑动的可容空间，分割上下构造变形样式和变形程度，膏盐层之上的盖层可以发生强烈褶皱变形，而膏盐层之下的基底构造甚至可以不发生变形，膏盐层本身也可以作为一种容易流动的材料参与建造褶皱，形成盐核背斜（Harrison，1996；余一欣等，2011；Callot et al.，2012）（图5-30）。

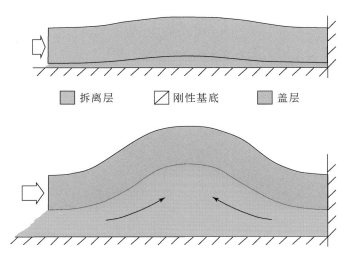

图 5-30　滑脱层厚度对构造样式的影响（Stewart，1996）
肉红色拆离层是膏盐层

　　当膏盐层的厚度增加（>100m），深度变深（>3km），由于膏盐层类似流体具有不可压缩性，其密度一般不发生变化，导致膏盐的密度一般都小于上覆的碳酸盐岩和碎屑岩，从而有利于形成密度反转，产生浮力作用，促进岩盐发生塑性流动（Dan and Englder，1985）。

　　早期对干膏盐进行的位错蠕动实验证实，只有当温度大于 205℃，即相当于埋深7000m 以上时，干的膏盐才开始流动。但现在有越来越多的资料证实膏盐的流动不需要这么深的深度，有时在几百米深处就可流动，如中东地区许多出露地表的盐体在常温下还在流动。自然界的膏盐一般都含有晶间卤水，湿盐一般都表现出牛顿流体性质，并遵循扩散蠕变准则（Weijermars et al.，1993）。

　　Stewart（1996）探究了膏盐层（滑脱层）厚度对薄皮构造缩短样式的影响，并指出了一个容易被忽视的因素。随着滑脱褶皱的扩大，褶皱的核部必须要被韧性材料所充填，如此，褶皱的生长就会被抑制，并导致了最终断层和裂缝的发育。从褶皱演变到逆冲，这个过程很大程度上受到滑脱层的厚度的控制，一般而言，滑脱褶皱更容易在厚的滑脱层上形成（Koyi and Petersen，1993；Erickson，1996；Costa and Vendeville，2002）。

　　膏盐层厚度的增加，以及上覆地层内聚力和柔韧性的增加将会增强盐上与盐下的构造耦合关系。反之，增加上覆地层的黏度和厚度，以及主控断层的位移速率将会降低盐上和盐下的构造耦合关系。耦合关系的提高有助于盐上和盐下发育协调的宽缓褶皱，也有助于主断层附近发育次生断裂，而膏盐层的解耦作用有助于盐上和盐下发育不协调的构造类型（Ge et al.，1997；Withjack and Callaway，2000）。同样，膏盐层对邻近的盐上和盐下的脆性层发育构造裂缝也有一定的影响。

5.6.1　膏盐层厚度控制裂缝发育的概念模型

为探究膏盐层对于邻近脆性地层裂缝发育的影响，结合库车坳陷的实际地质特征，首先设计了一个"两硬夹一软"的二维的概念模型，即上下两套地层为致密砂岩层，中间地层为一套软弱的膏盐层（图5-31）。

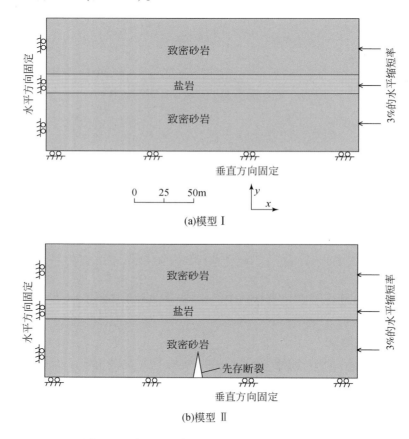

图5-31　膏盐层与邻近致密砂岩互层的概念模型

模型Ⅰ的长度为250m，每一层致密砂岩层的厚度为50m。为了探究膏盐层厚度对于盐上或盐下致密砂岩层应力集中的影响，在同样的模型中设定了膏盐层的厚度分别为5m、15m、25m、35m、45m、55m（图5-31a）。左边界设定为无摩擦，并在水平方向固定；底部边界设定为无摩擦，并在垂直方向固定；右侧边界设定3%的水平缩短率，上边界为自由边界。模型Ⅰ和模型Ⅱ近乎一致，唯一的不同点是根据库车盐下逆冲断裂十分发育的实际地质特征；而在模型Ⅱ中，在盐下致密砂岩层设置了先存断裂，以便于分析先存断裂对盐下致密砂岩层裂缝发育的影响。考虑膏盐层的长期变形过程，模型Ⅰ与模型Ⅱ均设置为黏弹性模型，所有的模型均采用 4 节点的自动单元网格划分。

致密砂岩作为能干层，其力学性质表现为脆性，而膏盐层通常被认为是塑性材料，因而它们分别被设置为弹性和黏弹性材料。作为概念模型，一般采用地层岩石力学性质的基础值（base-case values）或称为平均值（Jackson and Talbot，1991；Jackson et al.，1994；Van Keken et al.，1993）。致密砂岩的杨氏模量和泊松比分别被设定为 12.5GPa 和 0.23，而膏盐层的杨氏模量和泊松比分别被设定为 4.0GPa 和 0.40，黏性系数为 $1.50×10^{19}$Pa · s。断裂带在这里可以被认为是一种与围岩力学性质不同的弹性薄弱带（Gudmundsson et al.，2010）。断裂带的杨氏模量和泊松比分别被设定为 10.0GPa 和 0.15（表 5-9）。

表 5-9　概念模型中的材料属性参数设置

岩性	密度 ρ/(g/cm^3)	杨氏模量 E/GPa	泊松比 ν	黏性系数 η/(10^{19}Pa · s)
致密砂岩（脆性层）	2.65	12.5	0.23	
盐岩（韧性层）	2.20[a]	4.00[a]	0.40[a]	1.50[b]
断裂带	2.40	1.00	0.15	

数据来源：a. Jackson 和 Talbot（1991）；b. Van Keken 等（1993）。

米泽斯应力（Von Mises stress）是一种岩体内的三轴剪切应力状态的表征，其等同于材料形状改变的应变能密度。米泽斯应力越大表明应力集中程度越高，越易发育裂缝，因此米泽斯应力可以表征构造裂缝的发育程度。米泽斯应力是对三个主应力中偏应力的一种度量，其表达式为

$$u_{Von} = \left[\frac{(\sigma_1 - \sigma_2)^2 + (\sigma_2 - \sigma_3)^2 + (\sigma_3 - \sigma_1)^2}{2} \right]^{0.5} \tag{5-20}$$

式中，σ_1、σ_2、σ_3 分别为最大主应力、中间主应力和最小主应力。

利用黏弹性有限元力学数值模拟技术，对该概念模型施加水平位移，使其水平缩短，获得模型各层的米泽斯应力等值线分布图。

模型Ⅰ的米泽斯应力图表明致密砂岩层和膏盐层在相同的构造应力作用下的应力集中情况明显不同。很明显，米泽斯应力主要集中在致密砂岩层，而膏盐层的应力并不集中（图 5-32）。随着膏盐层厚度的增加，致密砂岩层的米泽斯应力集中的范围逐渐地增加；而膏盐层的米泽斯应力集中范围却几乎没有变化（图 5-32a ~ f）。此外，随着膏盐层厚度的增加，位于膏盐层上方的紧邻膏盐层的致密砂岩应力不断累积。因此，可以初步认为在相同的条件下，膏盐层的厚度对相邻能干层致密砂岩层的裂缝发育有重要的影响。

模型Ⅱ（图 5-31b）的米泽斯应力等值线图表明，盐上和盐下的致密砂岩层的应力集中情况也明显不同。当盐下先存断裂存在时，盐上的应力集中状态并没有太大改变，反而盐下的应力会显著地集中。当模型受力变形时，应力大部分被中间塑性的膏盐层所吸收，并且很难传递到盐上或盐下的致密砂岩层。吸收了应力的膏盐层的变形会导致盐上地层的

模型 I

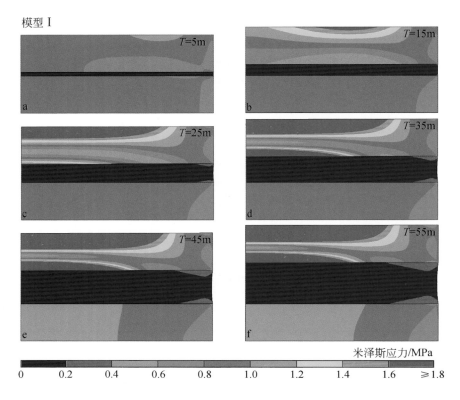

米泽斯应力/MPa

| 0 | 0.2 | 0.4 | 0.6 | 0.8 | 1.0 | 1.2 | 1.4 | 1.6 | ≥1.8 |

图 5-32　模型 I 的米泽斯应力等值线图

形变，同时也会阻止盐下地层应力的向上传导。模型 II 的盐上致密砂岩层的米泽斯应力分布与模型 I 的米泽斯应力分布几乎一致，主要的应力分布差异在于盐下。当存在先存断裂时，盐下致密砂岩层的应力集中变得非常明显，应力集中的位置也主要分布在紧邻膏盐层的断层尖端附近，并且米泽斯应力集中的范围也是随着膏盐层厚度的增加而逐渐扩大。因此，可以说膏盐层使得盐上和盐下的致密砂岩层构造变形发生解耦而形成两套不同的应力机制（图 5-33）。

膏盐层的内摩擦角要比致密砂岩的内摩擦角小得多，这意味着在相同条件下，膏盐层要比致密砂岩更难发育裂缝。当先存断裂从致密砂岩层传播到膏盐层时，其存在会改变应力状态，模型 II 的盐下致密砂岩层会比模型 I 的盐下致密砂岩层集中更多的米泽斯应力。根据前人的研究（Gudmundsson et al.，2010；Cooke et al.，2006），当断层传播到一个不连续界面时，断层的传播存在不同的模式。断层会穿过接触界面继续传播或者在两个不同能干层的界面终止。而终止断层传播的机制是膏盐层的内在蠕变抵消了断裂作用的继续发生，这种现象在野外很常见（图 5-34）。

为了探究模型中米泽斯应力集中范围和膏盐层厚度的关系，分别绘制每个模型致密砂岩应力集中范围与膏盐层厚度的关系图。这里的米泽斯应力集中范围表示盐上或者盐下致密砂岩层中大于 1.2MPa 的面积在单个岩石力学层中所占的百分比。

模型 II

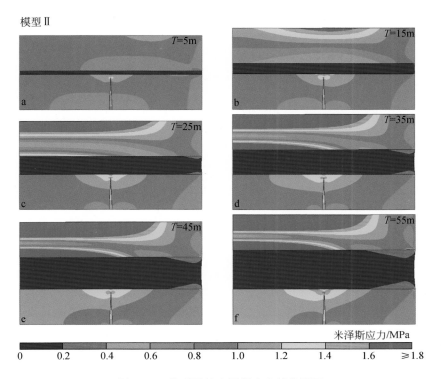

米泽斯应力/MPa

0　0.2　0.4　0.6　0.8　1.0　1.2　1.4　1.6　≥1.8

图 5-33　模型 II 的米泽斯应力等值线图

图 5-34　库车拗陷阿瓦特剖面膏盐层终止砂岩裂缝传播的实例照片

图 5-35 表明，随着膏盐层厚度的增大，盐上致密砂岩层的米泽斯应力集中范围所占的比例逐步提高。通过拟合膏盐层厚度（x）与米泽斯应力集中范围的占比（y），得到了盐上的回归方程 $y=0.2476\ln(x)-0.436$，$R^2=0.9635$。通过该函数的性质，认为盐上致密砂岩层的应力集中情况在盐层厚度不大（<30m）的时候变化很快，但当盐层厚度达到一定厚度时，盐上地层的应力集中会趋于某一个比例，这表明膏盐层的厚度越大，越有利于

盐上致密砂岩层的应力集中，即越有利于发育构造裂缝，但膏盐层的厚度增加到一定程度，膏盐层厚度对盐上致密砂岩裂缝发育程度的影响就有限了。而模型Ⅰ盐下致密砂岩层的应力虽然也随着厚度的增加而增加，但是应力累积的速率很慢，以至于不足以在此次模拟范围内形成较为明显的应力集中。这说明膏盐层对盐上致密砂岩裂缝发育的影响较大，而对盐下致密砂岩裂缝发育影响较小。

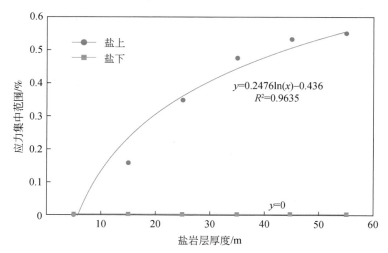

图 5-35　无先存断层的模型Ⅰ：致密砂岩层应力集中范围与膏盐层厚度的关系图

　　图 5-36 表明，随着膏盐层厚度的增大，模型Ⅱ盐上和盐下的米泽斯应力集中范围所占的比例都在增加，但是增加的趋势并不一致。通过拟合膏盐层厚度（x）与米泽斯应力集中范围的占比（y），分别得到了盐上的回归方程 $y=0.2476\ln(x)-0.436$，$R^2=0.9635$ 和盐下的回归方程 $y=0.0016x-0.0129$，$R^2=0.9572$（图 5-36）。随着膏盐层厚度的增加，盐上的应力集中比例呈现出快速增长但逐渐趋缓的规律，而盐下的应力集中比例则呈现出线性持续增长的规律。

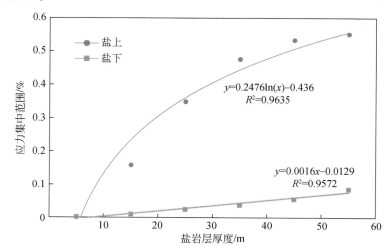

图 5-36　有现存断层的模型Ⅱ：致密砂岩层应力集中范围与膏盐层厚度的关系图

对比盐上和盐下的米泽斯应力集中情况，发现应力集中的位置都是集中在致密砂岩层紧邻膏盐层的附近。盐上致密砂岩层的应力集中位置主要位于模型受力方向的前方偏上，这也与库车山前克拉苏-依奇克里克构造带构造变形最强烈相一致。而盐下的应力集中情况则与先存构造关系密切，没有先存构造时，盐下致密砂岩层难以形成应力集中，而当有先存构造时，盐下致密砂岩层的应力集中情况会十分显著。盐上和盐下应力集中比例与膏盐层厚的拟合曲线表明，膏盐层厚度越大，越有利于盐上致密砂岩层的应力集中，越有利于盐上致密砂岩发育构造裂缝；而当膏盐层逐渐变厚到一定程度以后（>30m），膏盐层的厚度对盐上裂缝发育的影响就有限了。相反，有先存构造的盐下致密砂岩层的应力集中比例会稳定升高，表现为膏盐层厚度越大，越有利于盐下致密砂岩发育构造裂缝。综上所述，膏盐层厚度越大，越有利于盐上和盐下的致密砂岩发育构造裂缝，尤其盐下有先存断层的致密砂岩比无先存断层的致密砂岩更有利于发育构造裂缝。

基于以上两个概念模型的模拟结果分析和讨论，认为膏盐层是影响与之相邻能干层（如致密砂岩）构造裂缝发育的一个重要因素。膏盐层越厚，越有利于盐上或盐下与膏盐层紧邻的能干层发育构造裂缝。特别地，先存构造是影响盐下能干层裂缝发育的一个关键因素，先存构造的存在能够显著地提高盐下能干层的发育构造裂缝。此外，膏盐层将盐上和盐下隔离为两套不同的应力体系，具有解耦作用，导致盐上和盐下发育不同程度的构造裂缝。

5.6.2　膏盐层控制裂缝发育的实际模型模拟

本节在前面概念模型的基础上，结合发育膏盐层的地质剖面应力场模拟，探讨影响裂缝发育的岩性、层厚、断层、褶皱、膏盐层等诸多因素，并进行膏盐层影响邻近能干层（如致密砂岩层）裂缝发育的应力场数值模拟，进一步探讨构造裂缝发育的控制因素、有利部位和动力学机制。

选取库车拗陷两条大剖面，建立二维黏弹模型，利用黏弹有限元力学数值模拟技术来模拟最后一期强烈构造变形（裂缝形成的主要时期），拟合地表和井下的裂缝密度实测数据，以分析地质剖面上裂缝发育的有利部位及其形成机制，以进一步探讨山前冲断带膏盐层发育区邻近致密砂岩层的构造裂缝发育机制。

库车拗陷新生代沉积了两套膏盐层，根据以上概念模型，在构造作用下，应力更容易集中在与软弱的膏盐层紧邻的致密砂岩地层。应力集中会引起盐上或盐下的致密砂岩发生脆性破裂，发育构造裂缝。因此，本节选取实际的库车拗陷剖面进行应力场数值模拟，与实测的构造裂缝密度分布对比，检验以上概念模型中的结论，并尝试从实际地质模型中获取更多有关裂缝发育机制的认识。

为了研究膏盐层对于低渗透致密储层应力集中的影响，从西向东选取库车拗陷五条南北向实际地质剖面作为分析对象（图 5-37）。库车前陆冲断带的一个重要特征就是存在新生代的滑脱面，是两套膏盐层形成的拆离面，包括 $A-A'$、$B-B'$、$C-C'$、$D-D'$ 剖面中的古近系库鲁格列木组膏岩层，以及 $E-E'$ 剖面中的中新世吉迪克组膏岩层。膏盐层非常厚，普遍超过 100m，并且埋深相对较浅（小于 3km）。

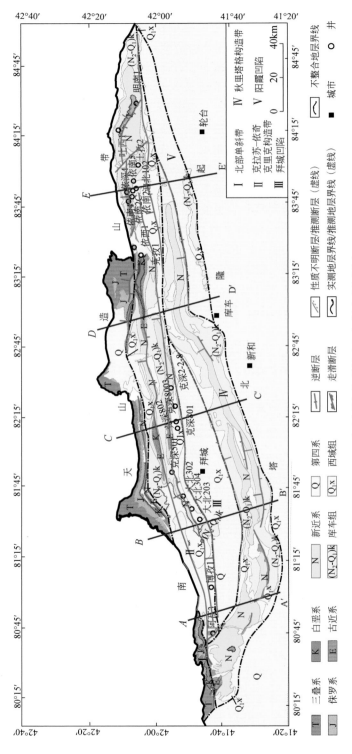

图5-37 库车拗陷地质简图及地质剖面分布图

实际地质剖面的力学模型的精确性很大程度上取决于模型边界的可信度，取决于该剖面的地质条件和野外证据（汤良杰等，2005，2007；Berra and Carminati，2012）。这里采取的初始二维地质剖面模型是基于野外实际观测而恢复的地质剖面，并且赋予了库车拗陷每一套地层的岩石力学参数。实际地质剖面的力学模型如图 5-38 所示。用来计算应力场的地质模型是库车拗陷最后一期强烈变形前的平衡剖面，也就是喜马拉雅晚期 8Ma 时的地质剖面。每一套地层都作为一个单独的岩石力学层，膏盐层被视为黏性材料，其余地层采用弹性材料。模型采用 4 节点四边形平面网格进行离散化，断层用摩擦滑移界面来模拟，这适用于经典的库仑摩擦准则：

$$\tau_{crit} = \mu \sigma_N \tag{5-21}$$

这里的剪切应力关键值（τ_{crit}）被定义为正应力值（σ_N）与摩擦系数（μ）的乘积，当剪切应力超过强度值或临界值，那么断层就会发生滑移。对于所有的断层，为简化处理，设定断层面的摩擦系数为 0.2。

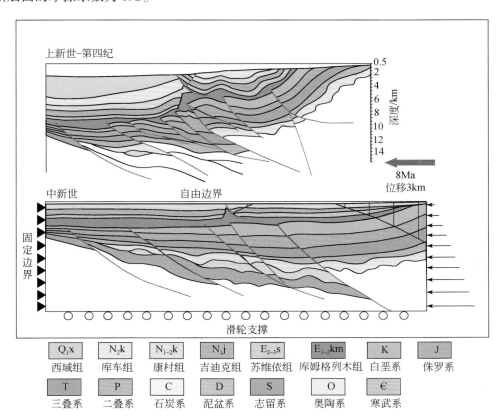

图 5-38　库车拗陷实际地质剖面的力学模型示意图

实际模型的边界条件与概念模型类似。库车拗陷南缘的塔北隆起在中生代之前就已形成，因为可以阻挡新生代从北向南的挤压应力的向南传递，因此，模型的左侧边界（南界）为固定边界。由于上地壳底部是研究区的区域拆离层，因此限定模型底部的垂直方向，使其在构造应力作用下可以在水平方向滑动。实际模型的上部施加了 20MPa 的地层上覆压力，以模拟新近纪变形以来大约 2km 埋深的沉积载荷。在实际模型的右边界（北边界），根据实际情况分别施加了与平衡剖面对应的 8Ma 以来的缩短率（图 5-38）。

模型共涉及 5 个弹性材料单元和 1 个黏性材料单元（表 5-10），其中膏盐层用黏性材料，其他层用弹性材料，包括盐上新生界、盐下中生界、石炭系—二叠系、寒武系—奥陶系以及震旦系。

表 5-10　实际模型采用的岩石物理参数表

地层	密度 $\rho/(g/cm^3)$	杨氏模量 E/GPa	泊松比 ν	黏滞系数 $\eta/(10^{20}Pa \cdot s)$
盐上新生界（砂泥互层）	2.36	19.93	0.20	
盐下中生界（砂泥互层）	2.53	22.08	0.18	
古生界石炭系—二叠系（砂泥互层，偶夹灰岩）	2.48	23.52	0.24	
寒武系—奥陶系白云岩、灰岩层系	2.63	52.85	0.30	
震旦系火山沉积岩系	2.60	43.82	0.22	
膏盐层	2.30	4.89	0.47	1.55

注：各弹性层的岩石物理参数基于在库车山前 320 个样品实测的岩石力学实验数据平均获得；黏性层膏盐层的岩石物理数据引自侯冰等（2009）。

膏盐层的力学性质表现为软弱层，在瞬间可以表现为弹性，而在一般较长的地质历史时期内，膏盐层的性质通常表现为黏塑性（Hudec and Jackson，2007）。尽管膏盐层的组成成分可能各不相同，但是其流变学性质在量级上却几乎相同（Chemia et al.，2009）。由于有限元模型中膏盐层的材料属性无法准确获得，因此我们从文献中获得膏盐层的密度、杨氏模量、泊松比和黏性系数的一个基础值（如 Van Keken et al.，1993）来确定膏盐层的各种岩石力学参数（表 5-10）。

为了简化模型，假设每一层是同质和各向同性的，因此每一层的岩石力学性质均可设置为一个固定的值，各层岩石物理参数如表 5-10 所示。中新生界岩石物理参数基于库车拗陷 320 个样品的岩石力学实验数据平均获得，其中密度是通过直径 25mm×50mm 高度的柱塞在自然干燥下测得，弹性模量和泊松比是分别在围压为 0MPa、20MPa 和 40MPa 条件下通过三轴压力试验测得。

最后的计算结果与野外和岩心的裂缝密度分布进行对比。裂缝密度可以表征岩石破裂的程度和裂缝的发育程度（Van Golf-Racht，1982），其统计测量方法在本书前面已经介绍，在此不再赘述。通过野外和岩心裂缝密度的统计与计算获得的应力场结果进行对比，从而检验模拟结果的合理性，讨论不同构造部位裂缝发育的力学机制。

1. 剖面 A–A' 的数值模拟

剖面 A–A' 位于库车拗陷西部的博孜 1 井和阿瓦 3 井之间，穿过北部单斜带、克拉苏构造带、拜城拗陷，以及秋里塔格构造带（图 5-39）。在剖面 A–A' 模型长 80km，宽 12km，施加 2km 的水平位移量，使模型缩短率达到 2.4%。地层 $E_{1-2}km$ 为膏盐层，使用黏性材料，其余为弹性材料。

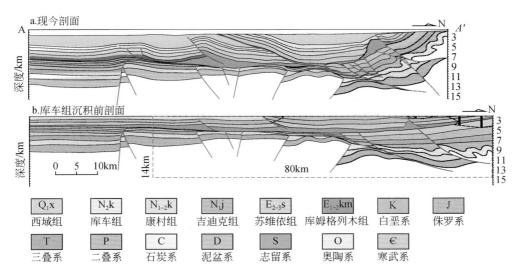

图 5-39　库车拗陷 *A–A'* 剖面的现今剖面和晚喜马拉雅期平衡剖面图（据塔里木油田公司）

计算获得的位移场显示北部单斜带和克拉苏构造带的位移量最大，并且克拉苏构造带的位移矢量显示出有向南冲断的趋势，而拜城凹陷的位移量最小，这与实际完全符合（图 5-40）。

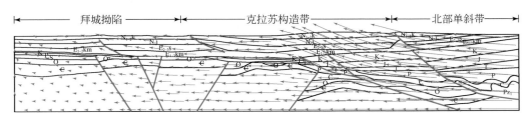

图 5-40　库车拗陷 *A–A'* 剖面位移场分布图

计算获得的最大主应力分布图显示在克拉苏构造带的最大主应力相对较大，特别是在盐下断层的末端附近和断层上方的盐上地层（图 5-41）。而最大主应力的优势方位图则表明，该剖面的最大主应力优势方位为南北向，局部受到断层的影响（特别是在克拉苏构造带）而有所改变，与实际地质情况基本一致。

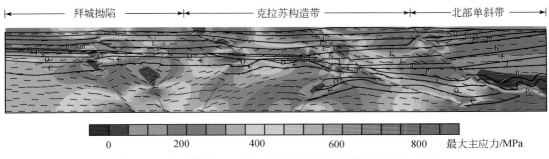

图 5-41　库车拗陷 *A–A'* 剖面最大主应力及其优势方位分布图

计算结果显示，其米泽斯应力分布图与最大主应力分布图较为相似，在克拉苏构造带较厚的膏盐层附近应力集中十分明显，米泽斯应力最高，与该带 AWT2 测点的裂缝密度高达 5m^{-1} 相吻合，而拜城凹陷和北部单斜带的米泽斯应力集中则不明显，在博孜 1 井和阿瓦 3 井的古近系和白垩系的裂缝密度值均较低，仅为 0.25m^{-1} 左右；野外侏罗系致密砂岩的裂缝密度相对较低，而古近系的裂缝较为发育，这与最后一期的强烈挤压引起的盐上地层强烈变形有关（图5-42）。模拟结果表明较厚膏盐层之上或之下的地层应力更集中，更有利于裂缝发育，尤其较厚膏盐层之下的断层末端裂缝更加发育。

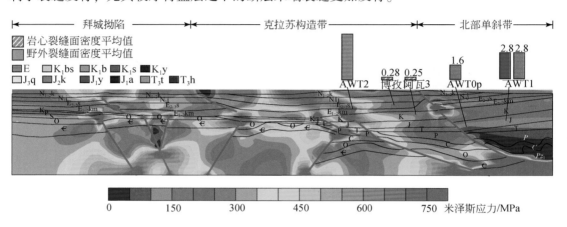

图 5-42　库车拗陷 A–A′剖面模拟的应力分布与实测裂缝密度对比图

2. 剖面 B–B′数值模拟

该剖面 B–B′经过位于库车拗陷中西部的大北 1 井，穿过克拉苏构造带、拜城拗陷及秋里塔格构造带。该模型长 50km，深度为 11km，施加 3km 的水平位移量，使模型缩短率达到 6%（图5-43）。地层 E_{1-2}km 为膏盐层，使用黏性材料，其余为弹性材料（表5-10）。

计算获得的位移场显示剖面的北部单斜带和克拉苏构造带的位移量最大，并且克拉苏构造带的位移矢量向南指向上方，表明克拉苏构造带盐上地层在后期可能发生变形；而拜城凹陷和秋里塔格构造带的位移量相对较小，这与实际完全符合（图5-44）。

最大主应力的分布图显示在克拉苏构造带的最大主应力相对较大，特别是在盐下断层的末端附近和断层上方的盐上地层（图5-45）。而最大主应力的优势方位图则表明，该剖面的最大主应力优势方位为南北向，局部受到断层的影响而有所改变，与实际地质情况一致。

该剖面的米泽斯应力计算结果显示（图5-46），应力集中主要与断层格局和位置有关，位于克拉苏构造带的盐上地层应力集中明显，并在后期可能形成断层；盐下中生界地层应力通常不集中，但在先存断裂附近，特别是断层上盘，应力集中明显。在断层附近的大北 304 井的巴什基齐克组裂缝密度值较高，达到 2.55m^{-1}，而距断层较远点的裂缝密度相对较小，表明断裂末端附近的构造裂缝较为发育，这与模拟结果中该井附近米泽斯应力值较高是吻合的（图5-46）。克拉苏构造带靠近拜城凹陷一侧的巨厚膏盐层，在北部挤压应力作用下，极容易发生盐下断层附近的应力集中，易于裂缝的形成。而在北部单斜带，

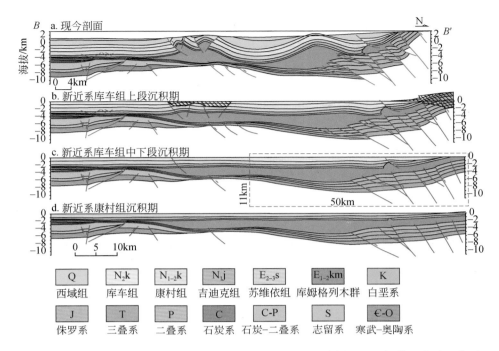

图 5-43　库车拗陷 B–B' 剖面的现今剖面和晚喜马拉雅期平衡剖面图（据塔里木油田公司）

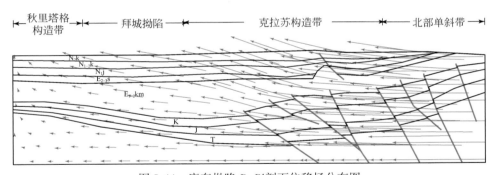

图 5-44　库车拗陷 B–B' 剖面位移场分布图

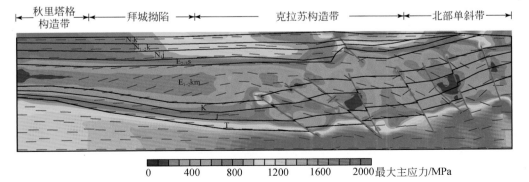

图 5-45　库车拗陷 B–B' 剖面最大主应力及其优势方位分布图

由于膏盐层较薄，应力主要通过断层而向上传递，引起盐上的构造变形，因此在北部单斜带盐上地层裂缝比盐下更发育。这也与前文在分析裂缝分布规律时得到的结论是一致的，即克拉苏构造带最容易发育裂缝，其次是北部单斜带。

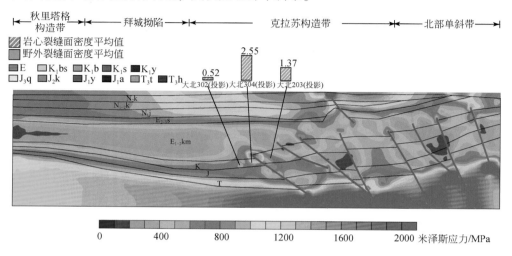

图 5-46　库车拗陷 B–B′剖面模拟的应力分布与实测裂缝密度对比图

3. 剖面 C–C′数值模拟

剖面 C–C′位于库车拗陷中西部的克深 801 井附近，穿过北部单斜带、克拉苏构造带、拜城拗陷及秋里塔格构造带。该模型长 66km，深度为 14km，施加 2.5km 的水平位移量，使模型缩短率达到 3.8%（图 5-47）。地层 E_{1-2}km 为膏盐层，使用黏性材料，其余为弹性材料（表 5-10）。

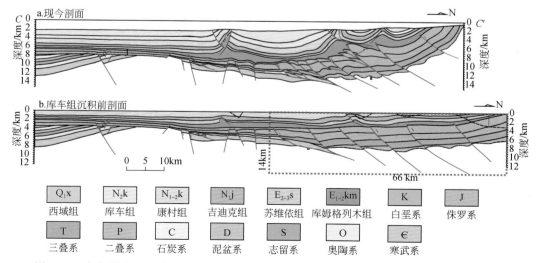

图 5-47　库车拗陷 C–C′剖面的现今剖面和晚喜马拉雅期平衡剖面图（据塔里木油田公司）

计算获得的位移场结果显示北部单斜带和克拉苏构造带的位移量最大，并且克拉苏构造带的位移矢量向南斜指向上方，表明克拉苏构造带盐上地层在后期可能发生变形；而拜城凹陷的位移量最小，这与实际完全符合（图 5-48）。

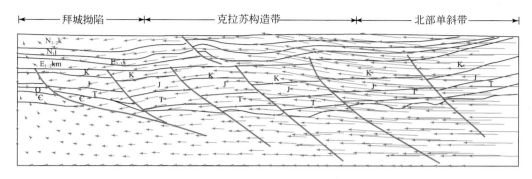

图 5-48 库车拗陷 C–C' 剖面位移场分布图

最大主应力的分布图显示在克拉苏构造带盐上地层的最大主应力相对较大，特别是在盐下断层的末端附近和断层上方的盐上地层（图 5-49）。总体而言，盐上地层的最大主应力较大，暗示着后期的构造变形影响较大。断层底部的最大主压应力普遍偏大，可能是模型边界效应引起的。而最大主应力的优势方位图则表明，该剖面的最大主应力优势方位为南北向，局部受到断层的影响而有所改变，与实际地质条件基本一致。

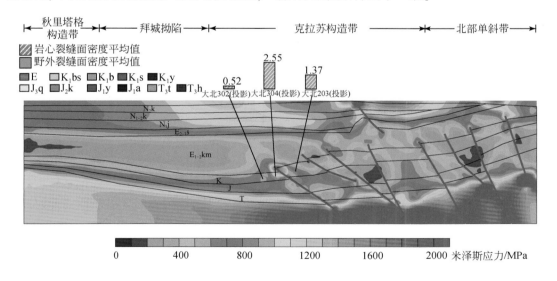

图 5-49 库车拗陷 C–C' 剖面最大主应力及其优势方位分布图

米泽斯应力的计算结果显示（图 5-50），应力集中主要与断层的分布和位置有关，克拉苏构造带和拜城凹陷边缘处于冲断前缘，盐上新生界地层应力集中强烈，在膏盐层剧烈变形的作用下极易在后期突破并发育出新的断层。尽管膏盐层本身并不会产生应力集中，但是较厚盐上的克拉苏构造带会比其他较薄盐上区域积累更多的米泽斯应力，距断层较近点的裂缝密度为 3.9m^{-1}，距断层较远点的裂缝密度为 2.2m^{-1}（如 A1 区），这也反映了膏盐层厚度和距断层的距离也会影响盐上地层的裂缝发育。

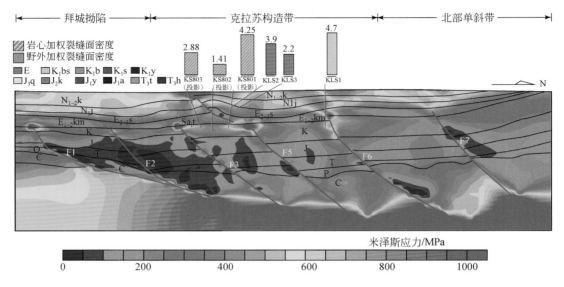

图 5-50　库车拗陷 C–C' 剖面模拟的应力分布与野外和实测裂缝密度对比图

盐下断层附近的白垩系地层应力集中十分明显，这与已知岩心裂缝密度较高的统计结果一致，如断层附近的裂缝密度达到 2.88 ~ 4.70m^{-1}，而距离断层较远点裂缝密度仅1.41m^{-1}（如 A1 区和 A2 区）。值得注意的是，盐下构造（断层）发育的地方往往是应力集中的区域（如断层 F1、F3 和 F5 的末端）（图 5-50），而对于没有先存断层的盐下区域，不易形成应力集中，裂缝也不发育（如克深 802 井位于断层 F3 和断层 F5 中间，裂缝密度相对较低），这与本章的概念模型模拟结果基本一致。

盐下白垩系地层的米泽斯应力集中范围除了受到断层的影响主要分布在断层末端外，也受到膏盐层厚度的影响。断层 F1、F5 和 F6 的末端所在位置膏盐层相对较厚，盐上与盐下的应力集中情况要比处在断层 F2 末端的薄盐层附近的应力集中情况更明显（图 5-50）。

总体上，实测的裂缝密度分布与计算获得的米泽斯应力分布是基本一致的。模拟结果表明较厚膏盐层之上或之下的地层应力更集中，更有利于裂缝发育，尤其较厚膏盐层之下的断层末端裂缝更加发育。距断层较近的点裂缝密度比较远点更高。

4. 剖面 D–D' 数值模拟

剖面 D–D' 位于库车拗陷中部的克拉 2 气田附近的克拉苏构造带向依奇克里克构造带过渡的区域，穿过北部单斜带、依奇克里克构造带和阳霞拗陷。该模型长 78km，深度为14.5km，施加 3.5km 的水平位移量，使模型缩短率达到 4.5%（图 5-51）。地层 E$_{1-2}$km 为膏盐层，使用黏性材料，其余为弹性材料（表 5-10）。

位移场的计算结果显示北部单斜带和依奇克里克构造带的位移量最大，并且依奇克里克构造带和秋里塔格构造带的位移矢量向南指向上方，表明这两个构造带盐上地层在后期可能发生变形；而阳霞凹陷的位移量最小，这与实际完全符合（图 5-52）。

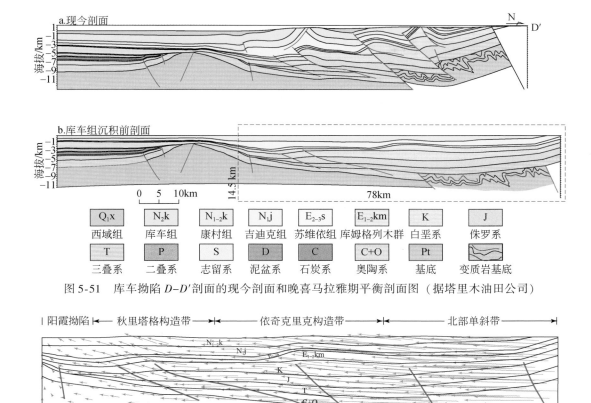

图 5-51　库车拗陷 *D–D′* 剖面的现今剖面和晚喜马拉雅期平衡剖面图（据塔里木油田公司）

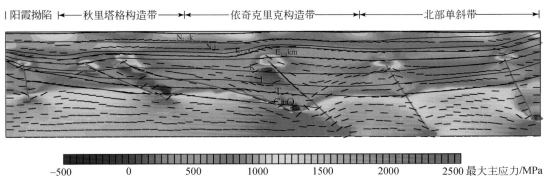

图 5-52　库车拗陷 *D–D′* 剖面位移场分布图

　　最大主应力的分布图显示在依奇克里克构造带盐上地层的最大主应力相对较大，特别是在盐下断层的末端附近和断层上方的盐上地层，接近地表的最大主压应力总体也高，这暗示了库车前陆冲断后期的盐上构造变形，而膏盐层的最大主应力则很小（图 5-53）。最大主应力的优势方位图则表明，该剖面的最大主应力优势方位为南北向，局部受到断层的影响而有所改变。

图 5-53　库车拗陷 *D–D′* 剖面最大主应力及其优势方位分布图

米泽斯应力的模拟结果显示（图 5-54），盐上地层应力相对集中，特别是在依奇克里克构造带和秋里塔格构造带，这与现今的这两个构造带变形最为强烈相符合。盐下中生界地层的米泽斯应力集中主要与断层的分布和位置有关，并且在膏盐层较厚的克拉苏构造带盐下应力集中最为明显。模拟结果表明较厚膏盐层之上或之下的地层应力更集中，更有利于裂缝发育，尤其较厚膏盐层之下的断层末端裂缝更加发育。

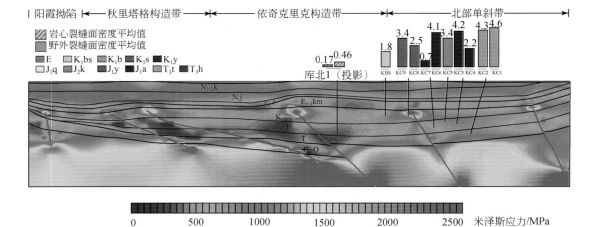

图 5-54　库车拗陷 D–D' 剖面模拟的应力分布与实测裂缝密度对比图

位于该剖面附近的库车河野外实测的中生界地层裂缝密度均较高，一般在 $3.5\mathrm{m^{-1}}$ 左右，附近的库北 1 井侏罗系致密地层裂缝密度小于 $0.5\mathrm{m^{-1}}$，裂缝不发育，这可能与下侏罗统地层距离膏盐层较远有关。

5. 剖面 E–E' 数值模拟

剖面 E–E' 位于库车拗陷东部，经过依南 2 井，穿过北部单斜带、依奇克里克构造带、秋里塔格构造带和阳霞凹陷。该模型长 62km，深度为 10.5km，施加 1.75km 的水平位移量，使模型缩短率达到 2.8%（图 5-55）。地层 N_1j 为膏盐层，使用黏性材料，其余为弹性材料（表 5-10）。

位移场的模拟结果显示北部单斜带、依奇克里克构造带和秋里塔格构造带的位移量最大，并且秋里塔格构造带的位移矢量向南指向上方，表明秋里塔格构造带盐上地层在后期可能发生变形；而阳霞凹陷的位移量最小，这与实际地质情况基本符合（图 5-56）。

最大主应力的分布图显示在依奇克里克构造带和秋里塔格构造带盐下中生界地层的最大主应力相对较大，特别是在盐下断层的末端附近和断层上方的盐上地层，而膏盐层的最大主应力则很小（图 5-57）。最大主应力的优势方位图则表明，该剖面的最大主应力优势方位为南北向，局部受到断层的影响而有所改变。

米泽斯应力的计算结果显示，应力集中主要与断层的分布和位置有关，盐上地层应力相对集中，但并不十分明显；膏盐层的应力不集中，而盐下白垩系和侏罗系致密的应力十分集中，在依奇克里克构造带和秋里塔格构造带附近尤为明显（图 5-58）。

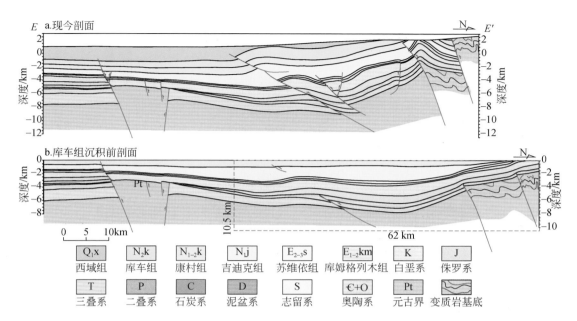

图 5-55　库车拗陷 E-E' 剖面的现今剖面和晚喜马拉雅期平衡剖面图（据塔里木油田公司）

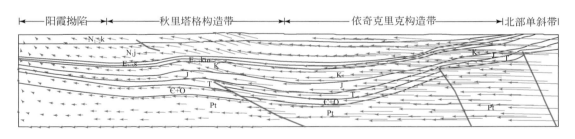

图 5-56　库车拗陷 E-E' 剖面位移场分布图

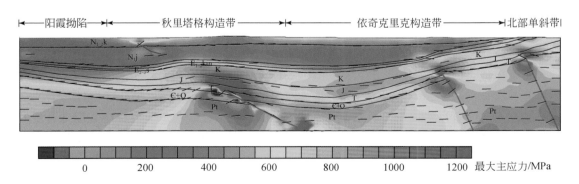

图 5-57　库车拗陷 E-E' 剖面最大主应力及其优势方位分布图

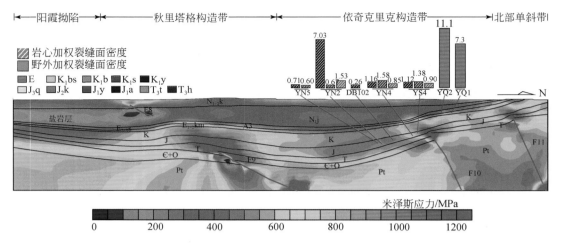

图 5-58　库车拗陷 E–E' 剖面模拟的应力分布与实测裂缝密度对比图

在盐下断背斜 A3 区，米泽斯应力主要集中在断层 F9 的上盘，且米泽斯应力集中范围非常大。由于该剖面的 N_1j 膏盐层厚度较厚，可达 2km，形成的应力集中范围主要分布于盐下先存断裂的末端到膏盐层的底部这一区域。该剖面膏盐层相比于其他剖面的膏盐层很厚，盐下中生界地层比膏盐层较薄的其他剖面集中更多的米泽斯应力，这与前文中的概念模型模拟的结果一致，即膏盐层厚度越厚越有利于盐下断背斜裂缝的发育。

对于库车拗陷东部依奇克里克构造带的裂缝密度如图 5-58 所示。地层 $E_{1-2}km$ 在测点 YQ2 和 YQ1 处的野外裂缝密度值分别是 $11.1m^{-1}$ 和 $7.3m^{-1}$。岩心在地层 J_1a 的平均裂缝密度为 $0.26 \sim 7.03m^{-1}$，但大多数为 $0.26 \sim 0.58m^{-1}$（图 5-57）。整体上具有上盘的裂缝密度比下盘的高，距断层越近裂缝密度越高，而距断层越远裂缝密度越低。YN2 井的 J_1a 层位裂缝密度异常值可能是由局部构造引起。

模拟结果表明较厚膏盐层之下的地层应力更集中，更有利于裂缝发育，尤其较厚膏盐层之下的断层末端裂缝更加发育。

5.6.3　模拟结果讨论与对比

以上模拟对比表明实际地质剖面的应力场计算结果与野外和岩心实测的裂缝密度分布格局基本吻合，总体上，裂缝密度高的地方对应米泽斯应力集中的区域。

垂向上，库车拗陷 5 条大剖面实际模型的数值模拟结果表明，应力集中程度通常受不同地层岩性影响。模拟结果表明，膏盐层很少集中应力，应力集中主要分布在与膏盐层紧邻的能干层（如砂岩层），并且应力集中程度与构造变形的强度有关（如是否发育背斜或断层）。一方面，应力集中的位置受到局部构造的强烈影响，在盐背斜发育的盐上地层通常会形成应力集中（如剖面 B–B'、C–C'），而在岩层以下的断层末端附近地层和背斜核部也容易形成应力集中（如剖面 D–D'、E–E'）。另一方面，应力集中主要分布在盐上和盐下紧邻膏盐层的脆性地层区域。膏盐层的厚度也影响盐上和盐下的应力集中情况。当膏盐层较薄时，薄层膏盐无法吸收盐下的应力传播而发生塑性变形，使得应力集中更容易发生在盐上脆性地层（如剖面 C-C'）；而当膏盐层较厚时，厚的膏盐层会阻止盐下地层的应力向上传播，吸收构造应力，从而造成应力集中更容易发生在盐下紧邻膏盐层的脆性地层（如剖面 E-E'）。此外，膏盐层所处的深度对于应力集中情况也有影响。对于膏盐层埋深较浅的剖面，如剖面 A-A' 和 C-C'，应力集中更多发生在盐上地层；对于膏盐层埋深较深的剖面，如剖面 B-B' 和 E-E'，膏盐层在上覆地层压力下难以发生塑性流动变形，从而造成盐下地层的应力集中。

平面上，应力集中的位置也受到"南北分带、东西分段"的控制。一方面，受到构造样式和膏盐层厚的影响，应力集中主要分布在盐上的褶皱逆冲带，如克拉苏-依奇克里克构造带和秋里塔格构造带（如剖面 A-A'、B-B'、C-C'），因为这些区带的构造相对较发育，同时膏盐层也最厚；而在北部单斜带、拜城拗陷和阳霞拗陷应力集中情况则不明显。另一方面，库车拗陷东部的地质剖面的膏盐层要比西部剖面的膏盐层厚，膏盐层埋深相对较深，整体上库车拗陷东部比西部更有利于盐下致密砂岩发育裂缝（如剖面 E-E'）。

总之，库车拗陷盐构造发育区的裂缝发育情况受到膏盐层的形态、膏盐层的厚度、膏盐层的深度、膏盐层附近的构造类型（断层、褶皱）等因素的共同影响。

5.6.4　盐构造发育区断背斜的裂缝发育模式探讨

通过上述对库车拗陷山前野外构造裂缝的测量、统计与分析，以及膏盐层相邻能干层裂缝发育机制的研究，可以认为地层（岩性和层厚）、构造（断层和褶皱）以及膏盐层这三大因素，是影响库车拗陷山前致密砂岩构造裂缝分布及其发育程度的主要因素。

在分析构造裂缝影响因素的基础上，探讨库车山前裂缝发育模式，这有利于深入理解裂缝的分布规律，并为下一章预测裂缝分布提供理论依据。

1. 褶皱发育裂缝的曲率因素

对于褶皱相关的裂缝系统，褶皱控制裂缝发育的规律是，距离褶皱轴面越近，地层曲率越大，裂缝越发育。裂缝主要发育在褶皱的转折端。褶皱转折端的地层曲率决定了裂缝发育程度。该地层曲率一般用来表示地层的弯曲程度，其数学表达式为

$$\frac{\mathrm{d}^2 z}{\mathrm{d} x^2} = \frac{1}{r} \tag{5-22}$$

在完全弹性条件下，地层曲率值与派生张应力的大小存在以下数学关系（周文等，2007）：

$$\sigma_{\mathrm{p}} = \left(E \frac{h}{2} \frac{\mathrm{d}^2 z}{\mathrm{d} x^2} \right) \bigg/ \left(1 + \frac{h}{2} \frac{\mathrm{d}^2 z}{\mathrm{d} x^2} \right) \tag{5-23}$$

式中，σ_{p} 为派生张应力（MPa）；E 为杨氏弹性模量（GPa）；h 为地层厚度（m）；$\frac{\mathrm{d}^2 z}{\mathrm{d} x^2}$ 为地层曲率（km^{-1}）。

由公式可知，褶皱作用下的派生应力与杨氏模量和地层曲率呈正相关关系。相同条件

下，地层的弹性模量越大，地层曲率越大，派生张应力也就越大，反之就会越小。褶皱中和面是发生褶皱的岩层中既无伸长也无缩短的无应变面（Ramsay，1967）。在中和面之上，褶皱核部派生出拉张应力，在中和面之下，褶皱核部派生出挤压应力（图5-59），因此在褶皱的中和面之上的转折端主要发育张裂缝，而中和面之下的核部主要发育压裂缝和剪裂缝。

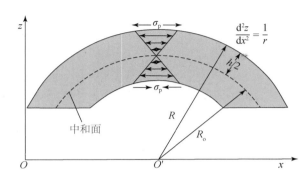

图5-59　地层弯曲变形派生张应力与曲率关系示意图（周文等，2007）

库车盐下地层的下白垩统巴什基齐克组和下侏罗统阿合组均是致密砂岩，地层的杨氏模量较高，因而在构造应力的作用下，发生褶皱作用时，盐下的这两套地层顶部会派生更多的张应力，有利于张裂缝的发育。

2. 褶皱的裂缝分期

进行构造裂缝的分期有利于进一步了解库车山前冲断带的裂缝发育模式。裂缝的主要发育时期往往是构造大规模形成的时期。裂缝的形成本质上与区域应力场和构造的局部应力场有关。针对以上影响裂缝发育因素的总结和讨论，结合野外构造和裂缝实测，发现褶皱作用在裂缝形成过程中具有重要的影响。

基于以上对于褶皱作用应力集中的理解，并根据褶皱地层和构造演化期次及野外裂缝的交切关系，将库车山前的构造裂缝划分出早、中、晚三期构造裂缝，即前褶皱期裂缝、同褶皱期裂缝和后褶皱期裂缝（图5-60和图5-61）。

（1）前褶皱期裂缝：喜马拉雅期前，在区域构造应力场作用下，在地层发生褶皱的前期形成与地层垂直的高角度正交缝，与地层产状相关，一般被充填或半充填，穿层性较差，多为层内缝（图5-60a~c和图5-61）。

（2）同褶皱期裂缝：在喜马拉雅期早期或中期，库车拗陷的构造作用强烈，以发育平行褶皱枢纽走向的纵张裂缝为主，多数近东西走向，部分被充填，穿层性较强，与地层产状相关，在翼部可以形成雁列的张裂缝，多被充填。同褶皱期还可以在中和面以上的转折端发育高角度纵张裂缝，在中和面之下的核部发育多倾角的剪裂缝（图5-60a~c）。

（3）后褶皱期裂缝：以大型晚期张裂缝为主，穿层性非常强，切穿以前的所有裂缝，以南北向为主，多未充填（图5-60d），连通了东西向裂缝。通常发育在褶皱形成之后，尤其断层附近或背斜转折端发育，可以穿切整个褶皱，与地层产状无关。多数未充填或半充填，开度相对较大，但数量较少（图5-60d）。

图 5-60 库车拗陷褶皱的构造裂缝分期证据

a. 克拉苏河剖面古近系粉砂岩早期正交裂缝和中期斜交裂缝；b. 克拉苏河剖面古近系泥质粉砂岩早期正交裂缝和中期斜交裂缝；c. 阿瓦特河剖面巴什基齐克组细砂岩早期正交裂缝和中期斜交裂缝；d. 克拉苏河剖面古近系粉砂岩中期斜交裂缝和晚期大型南北向垂直裂缝

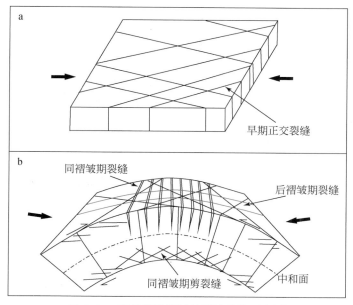

图 5-61 库车拗陷褶皱的裂缝分期示意图

a. 前褶皱期裂缝；b. 同褶皱期和后褶皱期裂缝

3. 盐构造区断背斜的裂缝发育模式

在新生代挤压构造应力场和新生代膏盐层的作用下，库车拗陷山前构造变形强烈，地层发生强烈的冲断褶皱，形成了典型的冲断构造带，逆冲断层、盐构造和断背斜都十分发育。膏盐滑脱层控制了盐上和盐下的构造样式，盐上主要发育断层相关褶皱，盐下主要发育冲断构造和断背斜。因此，在影响裂缝发育的这些因素中，除了岩性和层厚外，膏盐层和构造因素（断层、褶皱）也应该是影响裂缝发育的主要因素。事实上，影响裂缝发育的因素从来都不是单一存在的，裂缝的发育通常都受到地层岩性、层厚、断层、褶皱和膏盐层这些因素中的几个因素共同影响。例如，库车拗陷山前盐下的断背斜裂缝发育通常既受到膏盐层的影响，也受到膏盐层邻近地层的自身能干性（岩性）和构造（断层、褶皱）等因素的影响。

综合考虑了裂缝发育的各种影响因素和裂缝形成的期次之后，本节建立了库车拗陷山前冲断带盐构造区断背斜的裂缝模式（图5-62）。

膏盐层由于软弱性和易于流动性，通常作为滑脱层而造成构造解耦，将库车前陆冲断带分隔为盐上和盐下两套冲断系统，且每一套冲断系统的背斜都存在一个应力中和面。同一套褶皱在受到水平挤压产生纵弯褶皱时，岩层弯曲变形，褶皱外侧（中和面以上）遭受拉张，为张应力区，发育张裂缝；褶皱内侧（中和面以下）遭受挤压，发生压性形变，为压应力区，发育压裂缝和剪裂缝（Li et al.，2018）（图5-61）。

由于软弱膏盐层的存在，在挤压应力下，脆性地层形成了叠瓦状的冲断背斜，形成了多套褶皱系统。库车拗陷山前盐上主要发育断层相关褶皱，盐下主要发育一系列的断背斜构造（图5-62）。伴随着断背斜的形成，在一套褶皱系统中和面之上的转折端依次发育平行于褶皱枢纽的同褶皱期纵张裂缝；在褶皱中和面之下的核部，主要发育共轭的同褶皱期斜交剪裂缝；在褶皱翼部主要发育雁列的张裂缝，常被充填。在靠近逆断层的区域，常发育剪裂缝，且逆断层的上盘（主动盘）比下盘（被动盘）裂缝要发育一些，随着与断层面距离的增加，裂缝发育的密度逐渐降低。

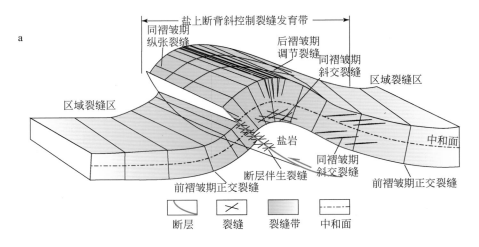

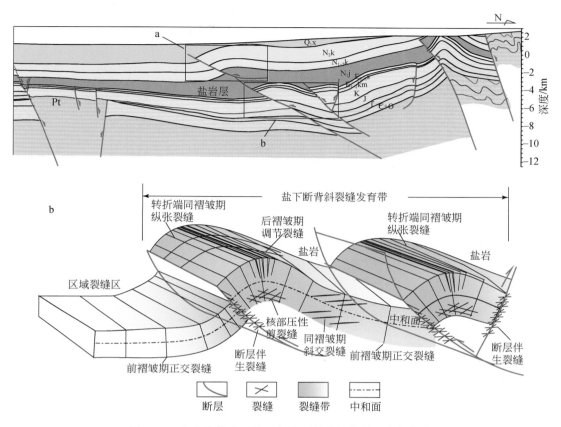

图 5-62　库车盐构造区盐上与盐下断背斜的裂缝发育模式

对于盐上的褶皱系统，在后褶皱期还可以发育少量大型的与区域主压应力方向一致的南北向垂直张裂缝，可以切穿之前所有的裂缝，开度往往较大，一般未充填，对油气的垂向运移具有重要意义。

对于盐下的褶皱系统，白垩系和侏罗系致密砂岩的裂缝发育程度及其分布受到膏盐层厚度、深度和断背斜的构造部位的影响。对于埋深较深且膏盐层较厚的地区，盐下断背斜的转折端张应变区通常发育的张裂缝密度很高；逆冲断层形成过程中也通常伴随着剪裂缝的产生，且断层的上盘裂缝比下盘裂缝更为发育。整体上，断背斜的转折端及距断裂较近的部位最有利于裂缝的发育。

盐下断背斜发育的裂缝可以显著改善下白垩统巴什基齐克组和下侏罗统致密砂岩储层的储集性和渗透性，形成致密砂岩油气勘探的"甜点"。后褶皱期形成的大型南北向的裂缝，可以沟通和调节整个区域的早期裂缝，对于油气的运移和聚集也具有重要作用。

5.7　小　　结

在野外露头构造裂缝观测和统计的基础上，利用单因素控制法和弹塑性有限元数值模拟对不同构造形成过程中构造裂缝的发育机制进行研究，确定研究区内不同构造中影响裂缝发育的主控因素：褶皱模型中，地层越薄、压缩量越大，构造裂缝越发育。地层厚度是影响褶皱形成过程中构造裂缝发育的主控因素。压扭性走滑断层模型中，断层滑移量、断层摩擦系数和挤压应力越大时，压扭性走滑断层内构造裂缝越发育。断层滑移量是影响压扭性走滑断层形成过程中构造裂缝发育的主控因素。简单逆冲断层模型中，断层滑移量和摩擦系数越大、断层倾角接近45°时，构造裂缝越发育。断层倾角是影响简单逆冲断层形成过程中构造裂缝发育的主控因素。断层转折褶皱模型中，断层滑移量、断坡初始角（在0°～45°范围内）、地层摩擦系数和断层摩擦系数越大时，构造裂缝越发育。断层摩擦系数是影响断层转折褶皱形成过程中构造裂缝发育的主控因素。

　　另外，膏盐层也是促进邻近致密砂岩层裂缝发育的重要因素。白垩系和侏罗系致密砂岩的裂缝发育程度及其分布受到邻近膏盐层厚度、深度和断背斜的构造部位的影响。对于埋深较深且膏盐层较厚的地区有利于邻近致密砂岩层的构造裂缝发育。

第6章 库车拗陷东部致密砂岩的裂缝定量预测

库车拗陷东部地区是库车拗陷致密砂岩气的重要勘探开发区,其中依南2井是工业气流井,依南5井为低产气流井,位于构造高部位的依南4井和依深4井为油气显示井,在同一个依奇克里克背斜构造里不同井存在明显的差别,可能与裂缝发育程度的差异性有关。以已经开发的依南2井气藏为例,气藏的主力烃源岩为三叠系塔里奇克组、黄山街组湖沼相烃源岩,具有较高的有机质丰度,TOC值为1.2%~8.0%,以腐殖型为主,热演化程度较高,R_o>1.3%,属于优质气源岩,可为气藏提供充足的气源(王鹏威等,2014)。与其紧密相接的上覆侏罗系是该区主要的储集层,具有较低的孔隙度(<6%)和低渗透率(<1×10^{-3}μm^2),属于致密砂岩储层(姜振学等,2015)。裂缝的发育与分布对气藏的形成具有重要的控制作用(王振宇等,2014;易士威等,2014;周鹏等,2017),因而对依南–吐孜工区侏罗系致密储层进行裂缝预测具有重要的现实意义。本章利用弹性力学有限元数值模拟方法,结合前面建立的裂缝发育地质模型,开展库车拗陷东部致密砂岩区的裂缝定量预测。

6.1 研究区的三维应力场数值模拟

构造裂缝的形成除了与构造应力场有关之外(曾联波等,2004;Eig and Bergh,2011),还与储层的岩性、地层厚度和构造格局等因素有关。岩性和层厚等内部因素影响着构造裂缝发育的程度和分布状况,而构造格局(断层和褶皱的分布与组合)影响了局部应力场分布和裂缝的发育程度。二维模型仅仅考虑了岩性和断层格局,没有包含影响裂缝发育的地层厚度和褶皱曲率等因素,显然不能满足油气田开发的精细要求。因此,为了同时考虑到岩性、层厚、断裂和褶皱的格局,本书开展了研究区的三维地质建模进行应力场模拟和裂缝定量预测,比二维模型更能准确地预测构造裂缝的发育程度和分布规律。

应力场控制着裂缝的生成、形态、密度及走向。利用弹性有限元数值模拟技术来计算研究区的构造应力场(Hou et al.,2006a、b、c,2010a;Ju et al.,2013),其实质是把求解库车拗陷东部区域内的连续函数转化成求解有限个离散点处的场函数值,基本变量是位移、应变和应力,是将整个非均质的研究区离散成若干均质的单元来进行研究。具体步骤:首先将研究区的地质体离散成有限个连续的单元,单元之间以节点连接,然后对每个单元赋予其实际的岩石力学参数,根据边界受力条件和节点的平衡条件,建立并求解节点位移(或者单元内应力)与总体刚度矩阵的联合方程组,得到每个单元内的应力和应变值(王红才等,2002;丁文龙等,2011)。

有限元线性代数的方程组为

$$KU = P + Q \tag{6-1}$$

式中，U 为系统节点位移量；K 为系统的刚度矩阵；P 为体力载荷的等效节点矢量；Q 为边界面载荷的等效节点矢量。

$$K = \sum K_e \tag{6-2}$$

$$K_e = \iiint B^T D B \mathrm{d}v \tag{6-3}$$

$$P = \sum P_e \tag{6-4}$$

$$P_e = \iiint N^T q \mathrm{d}v \tag{6-5}$$

$$Q = \sum Q_e \tag{6-6}$$

$$Q_e = \iiint N^T q \mathrm{d}v \tag{6-7}$$

对于三维弹性问题，应力和应变张量用矢量表示为

$$\sigma = \begin{bmatrix} \sigma_x & \sigma_y & \sigma_z & \tau_{xy} & \tau_{yz} & \tau_{zx} \end{bmatrix}^T \tag{6-8}$$

$$\varepsilon = \begin{bmatrix} \varepsilon_x & \varepsilon_y & \varepsilon_z & \varepsilon_{xy} & \varepsilon_{yz} & \varepsilon_{zx} \end{bmatrix}^T \tag{6-9}$$

式中，T 代表转置。

对处在平衡状态的受载弹性物体内，应变与位移、应力与外力之间存在一定的关系，称为弹性力学的基本方程。在实际计算中，通过求解弹性力学的基本方程，可以获得地质体中每个有限单元的最大主应力、中间主应力和最小主应力的方向和大小。

计算出应力场之后，在每个单元上获得应力为

$$[\sigma] = \begin{bmatrix} \sigma_x & \sigma_{xy} & \sigma_{xz} \\ \sigma_{yx} & \sigma_y & \sigma_{yz} \\ \sigma_{zx} & \sigma_{zy} & \sigma_z \end{bmatrix} \tag{6-10}$$

通过正交相似变换，可以简化为对角矩阵，其对角元是矩阵 $[\sigma]$ 的三个特征值，即三个主应力值，所对应的特征值向量分别为三个主应力方向的余弦。

$$P[\sigma]P^{-1} = \begin{bmatrix} \gamma_1 & & 0 \\ & \gamma_2 & \\ 0 & & \gamma_3 \end{bmatrix} \rightarrow \begin{bmatrix} \sigma_1 & & 0 \\ & \sigma_2 & \\ 0 & & \sigma_3 \end{bmatrix} \tag{6-11}$$

在有限网格离散后，并知道岩石或者岩石组合常数（杨氏模量和泊松比）的情况下，系统刚度矩阵很容易计算得知，从而可获得系统节点位移矢量，进而求出应变场和应力场（Ju et al.，2014）。

6.2　构造裂缝定量预测的"二元法"原理

迄今为止，已有多种方法用于构造裂缝的定量预测，包括：数学插值方法、物理模拟方法和力学数值模拟方法等（丁中一等，1998；宋惠珍，1999；周新桂等，2003）。现在常见的裂缝预测方法包括：主曲率法、能量法、岩石破裂法及地质统计法等。主曲率法认为与地层挠曲有关的裂缝将发生在构造面主曲率或者倾角变化率较大的地方，通过计算统

计地层曲率值的分布情况就可以预测裂缝发育程度及其分布情况（Murray，1968；曾锦光等，1982）。能量法认为具有相对较高应变能的岩石比同样厚度但是具有较低应变能的岩石发育更多的裂缝，多用来预测褶皱各部位的裂缝发育程度及其分布（Price，1966）。地质统计法主要通过统计学和插值的方法推出裂缝的发育程度及其分布情况（Narr and Lerche，1984；Narr，1991）。岩石破裂法认为构造裂缝是在构造应力场作用下应力超过岩石破裂强度而形成的破裂，主要利用弹性力学有限元数值模拟技术计算研究区的应力场，基于岩石破裂准则求出发生脆性破裂的区域和破裂程度（即破裂值），再利用已知井的岩心实测裂缝密度与该井计算获得的破裂值进行回归约束，建立起岩石破裂值与岩心裂缝密度之间的相关经验公式，从而预测研究区空白区的裂缝发育程度及其分布（丁中一等，1998）。

仅仅将岩石破裂值这一个参数与岩心裂缝密度进行回归分析，建立起的经验公式，可信度并不高，说明仅考虑反映岩石无变形条件下的脆性破裂是不全面的，还要考虑到岩石变形过程中存在应变能（如背斜转折端裂缝很发育，是与变形能有关），因此需要计算岩石破裂值（主要贡献岩石无变形条件下的脆性破裂）和应变能（主要贡献岩石变形过程中积聚能量而产生的裂缝），将计算获得的破裂值和应变能与岩心实测裂缝密度进行二元二次回归分析，再利用这个回归得到的经验公式进行裂缝分布的预测，这就是"二元法"。本章拟以库车拗陷东部依奇科里克构造带的"吐格尔明背斜"和"迪北气田"为例开展致密砂岩储层的裂缝定量预测。

通过野外地表露头、岩心和成像测井的构造裂缝观测分析，库车拗陷东部依奇科里克构造带的吐格尔明背斜的构造裂缝以张裂缝为主，而位于该背斜南翼的迪北气田发育的裂缝以剪裂缝为主（宋惠珍，1999；王连捷等，2004；戴俊生等，2011）。

岩石破裂的力学基础是库仑–纳维准则，认为岩石破裂与破裂面上的正应力和剪应力关系为

$$\tau = C + \sigma \tan\varphi \tag{6-12}$$

式中，τ 为剪应力；σ 为正应力；C 为岩石的内聚力；φ 为岩石的内摩擦角。内摩擦角和内聚力通过实验测定（朱志澄和宋鸿林，1990）。

在工程实践中，多用直线形（图6-1）或者双直线形莫尔包络线来确定岩石强度和破裂面。在直线形莫尔包络线图解中，大圆为材料单向压缩极限莫尔应力圆，小圆为材料单向拉伸极限莫尔应力圆（图6-1）。

根据直线形莫尔包络线图解（图6-1），可以求取单轴抗拉强度（σ_t）和单轴抗压强度（σ_c）：

$$\sigma_t = \frac{2C\cos\varphi}{1 + \sin\varphi} \tag{6-13}$$

$$\sigma_c = \frac{2C\cos\varphi}{1 - \sin\varphi} \tag{6-14}$$

当某一面上的正应力和剪应力满足库仑–纳维准则关系时，破裂开始发生。剪切面为两组共轭，其方向可以用破裂面的法线与最大主应力的夹角 θ 表示。最大主应力平分两组破裂面的夹角，破裂面与最大主应力方向的夹角为 $\theta = 45° - \gamma/2$（朱志澄和宋鸿林，1990；

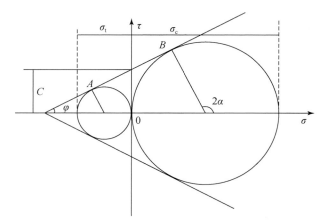

图 6-1 直线形莫尔包络线图解

王连捷等，2004）。

破裂面上的剪应力和正应力可以用主应力来表示，即

$$\tau = \frac{\sigma_1 - \sigma_3}{2}\sin 2\alpha \tag{6-15}$$

$$\sigma = \frac{\sigma_1 + \sigma_3}{2} + \frac{\sigma_1 - \sigma_3}{2}\cos 2\alpha \tag{6-16}$$

联合式（6-19）、式（6-22）和式（6-23），可得到用主应力表示的库仑–纳维准则：

$$\frac{\sigma_1 - \sigma_3}{2}\sin(90° + \varphi) \geqslant C + \left[\frac{\sigma_1 + \sigma_3}{2} + \frac{\sigma_1 - \sigma_3}{2}\cos(90° + \varphi)\right]\tan\varphi \tag{6-17}$$

化简之后，可写成：

$$\frac{\sigma_1 - \sigma_3}{2} \geqslant C\cos\varphi + \frac{\sigma_1 + \sigma_3}{2}\sin\varphi \tag{6-18}$$

库仑–纳维准则只能判断出岩石是否发生剪切破裂，只考虑了最大主应力和最小主应力对岩石强度的影响，而没有考虑中间主应力对岩石强度的贡献，是一种等效的最大剪应力模式（丁中一等，1998），不能判断剪切破裂发育的程度。因此，为说明地层中某处的构造应力状态与破裂状态的关系，引入破裂值（I）的概念（丁中一等，1998）。

张破裂值（I）定义为

$$I = \sigma / [\sigma] \tag{6-19}$$

式中，σ 为张应力；$[\sigma]$ 为抗张强度。

剪破裂值（I）定义为

$$I = \frac{\tau_n}{[\tau]} \tag{6-20}$$

式中，τ_n 为剪应力；$[\tau]$ 为抗剪强度。

对破裂值进行分析，当 $I \ll 1$，说明离岩石发生破裂还差很远；$I < 1$ 则表明岩石没有发生破裂；$I > 1$ 则说明岩石发生了破裂；如果 $I \gg 1$，意味着早已发生破裂。因而可以将破裂值的大小与破裂发育程度的大小联系起来，并且认为高破裂值的地区构造裂缝比低破裂值地区发育（王仁等，1994；丁中一等，1998）。

地质体在构造应力作用下所产生的应变能密度（strain-energy density）可以表示为（丁中一等，1998；Beer et al.，2012）：

$$u = \frac{1}{2}(\sigma_x \varepsilon_x + \sigma_y \varepsilon_y + \sigma_z \varepsilon_z + \tau_{xy} \gamma_{xy} + \tau_{yz} \gamma_{yz} + \tau_{zx} \gamma_{zx}) \tag{6-21}$$

用主应力表示为

$$u = \frac{1}{2E}\left[(\sigma_1^2 + \sigma_2^2 + \sigma_3^2) - 2\nu(\sigma_1 \sigma_2 + \sigma_2 \sigma_3 + \sigma_3 \sigma_1)\right] \tag{6-22}$$

式中，u 为应变能（J/m^3）；E 为弹性模量（MPa）；ν 为泊松比。

为实现对库车拗陷东部的依奇科里克构造带开展构造裂缝分布的定量预测，需要建立研究区的岩石破裂值、应变能与实测裂缝密度之间的量化联系，将计算得到的岩石破裂值、应变能与取心井的加权构造裂缝密度拟合，建立相关联系之后，便可以利用所建立的经验关系式对库车拗陷东部的依奇科里克构造带的构造裂缝发育程度及其分布做出可信的定量预测了。

另外，只有岩石破裂值、应变能与岩心加权构造裂缝密度之间存在相关性时，才可对库车拗陷进行构造裂缝定量预测；否则，岩石破裂值与应变能就毫无意义。

首先依据合理的构造应力场数值模拟结果，计算得到岩石破裂值和应变能，在岩心构造裂缝加权密度的约束下，对库车拗陷东部依奇科里克构造带的侏罗系致密岩石进行构造裂缝发育程度和分布状态的定量预测（图6-2）。

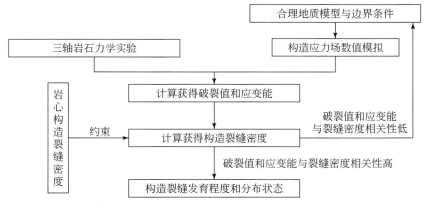

图 6-2　岩石破裂值法和应变能"二元法"定量预测构造裂缝发育和分布流程图

依据可信的依奇科里克构造带的构造应力场数值模拟结果，利用库仑–纳维准则进行判定，计算库车拗陷东部依奇科里克构造带的侏罗系致密岩石破裂值和应变能值，然后与实测岩心裂缝密度建立相关联系，从而预测研究区的裂缝密度分布。

6.3　库车拗陷东部张裂缝定量预测

库车拗陷东部依奇科里克构造带的吐格尔明背斜沿近东西向的枢纽带及附近发育大量的张裂缝。下面重点对吐格尔明背斜的张裂缝发育程度及其分布规律开展定量预测。

通过库车拗陷东部区域应力场解析以及构造裂缝发育特征的研究，喜马拉雅晚期是库车拗陷东部最重要造缝期，因而本书首先利用弹性力学有限元数值模拟方法计算获得吐格尔明背斜的喜马拉雅晚期（N_2 以来）合理的区域应力场，然后在此应力场基础上利用"二元法"进行裂缝定量预测。

6.3.1　力学模型

依据吐格尔明背斜致密砂岩样品的三轴岩石力学实验的结果，库车拗陷内的岩石总体特征表现为脆性，破裂后具有明显的应力降，因此将地质体按照弹性体来处理，用弹性薄板模型来计算。

根据吐格尔明背斜的下侏罗统阳霞组顶面及下侏罗统阿合组构造图（图6-3～图6-5），参考吐格尔明背斜的内构造剖面的演化特征和平衡恢复（以过吐孜2井为例，图6-6），建立库车拗陷东部依奇科里克构造带吐格尔明背斜的三维几何模型（图6-7）。

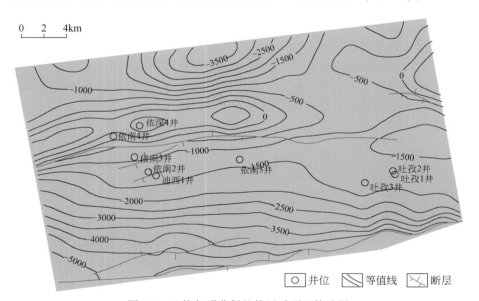

图6-3　吐格尔明背斜的侏罗系顶面构造图

为了方便施加载荷和处理边界条件，同时又避免边界效应导致应力集中而造成模拟结果失真，对研究区吐格尔明背斜进行单独的精细建模，将吐格尔明背斜模型镶嵌在整个库车拗陷模型内部（图6-8）。

岩石力学性质会直接影响应力分布和岩石的破裂变形行为，因此通过岩石力学实验可以获得应力场数值模拟所需的岩石力学参数，包括杨氏模量、泊松比、内摩擦角及内聚力等（朱志澄和宋鸿林，1990；丁中一等，1998；鞠玮等，2013，2014a、b）。本次研究所需的岩石力学参数（杨氏模量和泊松比）和岩石破裂强度主要是通过研究区岩心样品的三轴岩石力学实验获得（表6-1），实验在中国石油勘探开发研究院实验中心完成。

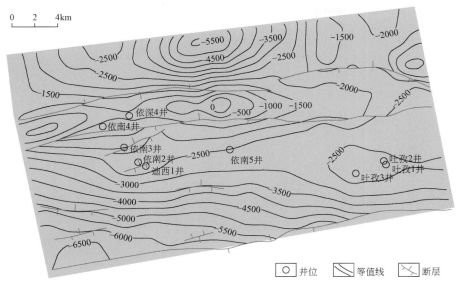

图 6-4　吐格尔明背斜的下侏罗统阳霞组顶面构造图

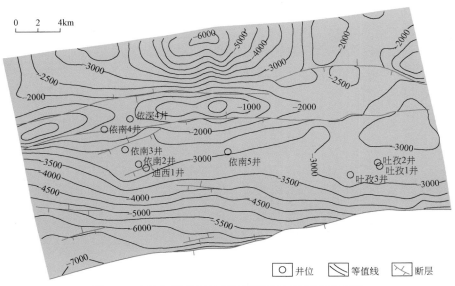

图 6-5　吐格尔明背斜的下侏罗统阿合组顶面构造图

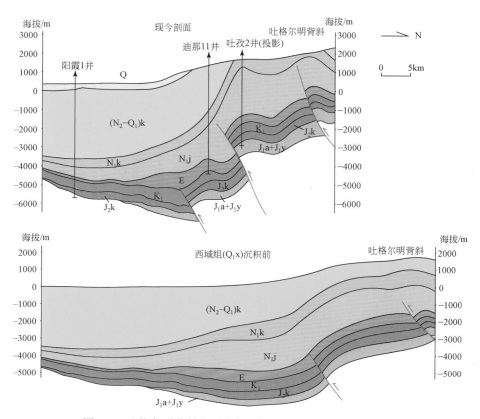

图 6-6　吐格尔明背斜的平衡剖面恢复图（据张国锋，2011）

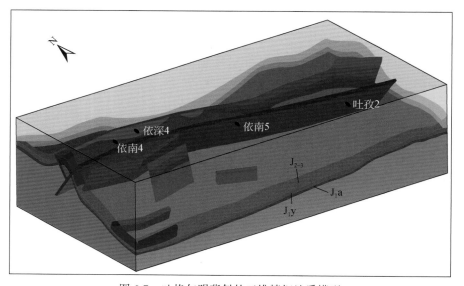

图 6-7　吐格尔明背斜的三维精细地质模型

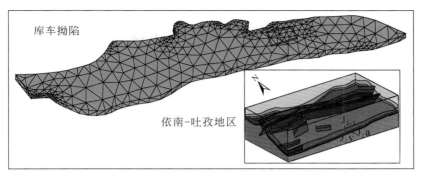

图 6-8　库车拗陷及吐格尔明背斜的三维力学嵌套模型图

表 6-1　吐格尔明背斜的岩石力学参数统计表

层位	密度/(g/cm³)	杨氏模量/GPa	泊松比	内摩擦角/(°)	内聚力/MPa
盖层	2.26	10.72	0.21	38.68	18.00
中–上侏罗统	2.32	11.32	0.22	43.16	22.00
下侏罗统阳霞组	2.32	12.18	0.25	43.56	21.80
下侏罗统阿合组	2.51	12.51	0.23	44.77	21.38
基底	2.36	25.86	0.22	44.78	25.96
断层	2.00	10.00	0.15	40.00	10.00
其他地区的地层	2.44	12.45	0.25	44.58	20.00

在三维几何模型中赋予各个单元的岩石力学参数，便可得到库车拗陷镶嵌吐格尔明背斜的地质模型。该三维模型共涉及 7 种材料单元，分别为吐格尔明背斜的下侏罗统阿合组、下侏罗统阳霞组、中–上侏罗统，以及这些地层之下的基底和之上的盖层，另外还有断层和库车拗陷其他地区的砂泥互层地层（表 6-1）。

喜马拉雅晚期，库车拗陷处在构造挤压状态，最大主应力方向为近南北向（图 6-8），据此区域地质背景和应力条件，对模型的边界条件和作用载荷作以下设定：

（1）库车拗陷在喜马拉雅晚期受到北部南天山造山隆起的影响，在模型中库车拗陷北部边界施加近南北向的挤压作用力，其应力值参考前人的古应力测量统计结果（张明利等，2004；王延欣等，2008；郑淳方等，2016）估算为

$$\sigma = 0.006h + 10 \tag{6-23}$$

式中，h 为深度（m）；σ 为构造应力（MPa）。

（2）库车拗陷南缘受到塔北隆起的阻隔，将模型的南边界设为固定边界。

（3）取 10km 的区域滑脱层作为滑脱边界，施加滑轮支撑。

（4）纵向上，地层自身所产生的重力（重力加速度 $g = 9.8 \text{m/s}^2$）作为载荷施加到模型里。

6.3.2 应力场结果与分析

ANSYS 软件是目前被广泛应用的力学分析软件。在实际研究中，该软件已经应用于机械、电机、土木、航空及地质等不同领域，并颇受好评。在地质领域，利用 ANSYS 有限元软件可以分析构造应力场、构造裂缝定量预测和构造演化等（Marti et al.，2006；孙业恒，2009；Hou et al.，2006a、b、c，2010b；邱登峰等，2012；Ju et al.，2013）。本书选用 ANSYS 软件进行构造应力场数值模拟和构造裂缝定量预测。

通过有限元数值模拟软件的计算，得到了库车拗陷构造应力场特征。库车拗陷的近地表构造应力场最大主压应力方向总体上呈现出近南北向挤压，库车东部表现为 NNE 向挤压，中西部地区表现为 NNW 向挤压，但在局部地区也容易受到区域构造作用的影响而表现出细微的差异（图6-9）。计算获得的库车拗陷全盆地最大主压应力方向分布图，除了阳霞煤矿局部一个点有较大误差以外，其他地区计算得到的最大主压应力方向与野外剖面实测的方向吻合很好（图6-9），这说明模拟得到的应力场是合理的（郑淳方等，2016）。

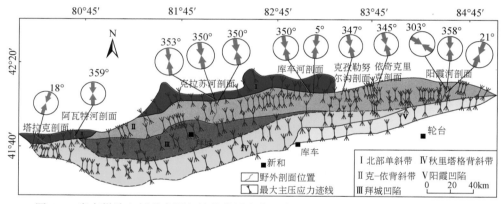

图6-9　库车拗陷上新世实测与计算的最大主压应力方向拟合图（郑淳方等，2016）

构造应力场数值模拟结果表明吐格尔明背斜的中–上侏罗统、下侏罗统阳霞组和阿合组最大主应力等值线图和优势方位图均具有很好的相似性，最大主应力均在吐格尔明背斜枢纽附近较大，表明是统一构造应力场作用的结果（图6-10～图6-12）。从层位上分析，下侏罗统阿合组最大主应力比阳霞组和中–上侏罗统的大，可达 106MPa 左右（图6-12）。

最大主应力优势方位整体上呈近南北向，与喜马拉雅晚期最大主应力的近南北向方位匹配，表明吐格尔明背斜的应力场受区域构造应力场的控制，但在局部地区受局部构造（褶皱、断层等）控制，展现出局部应力场控制构造裂缝优势方位的差异性，如在吐格尔明背斜的北翼最大主应力优势方位局部由近南北向转为近东西向（图6-13～图6-15）。张裂缝的走向通常平行于最大主应力的优势方位，因此最大主应力优势方位图可以看作张裂缝走向分布图。

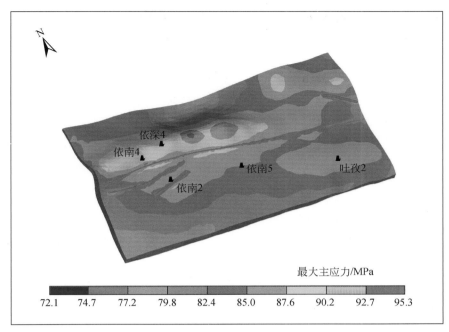

图 6-10　吐格尔明背斜的中–上侏罗统最大主应力等值线图

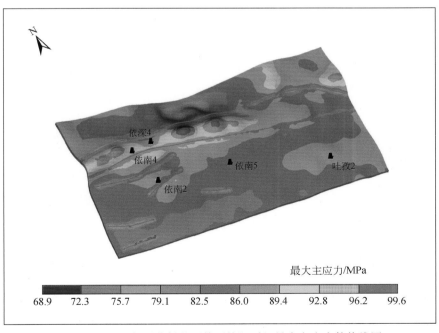

图 6-11　吐格尔明背斜的下侏罗统阳霞组最大主应力等值线图

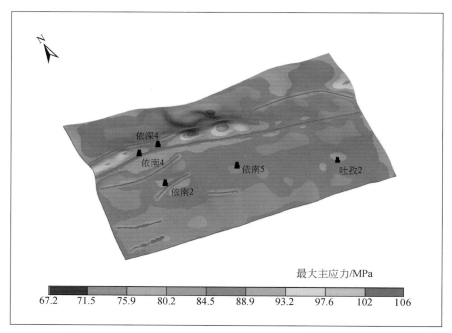

图 6-12　吐格尔明背斜的下侏罗统阿合组最大主应力等值线图

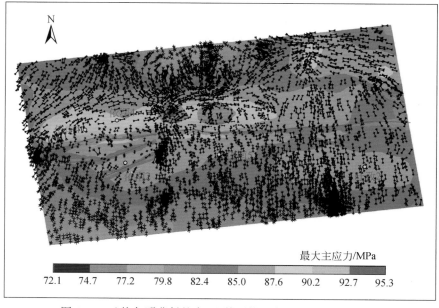

图 6-13　吐格尔明背斜的中-上侏罗统最大主应力优势方位图

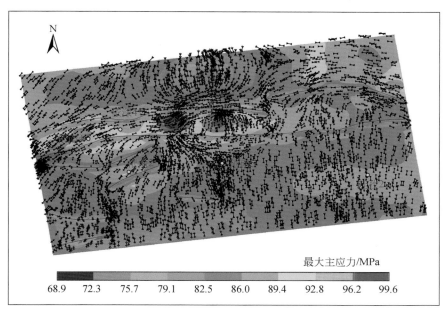

图 6-14　吐格尔明背斜的下侏罗统阳霞组最大主应力优势方位图

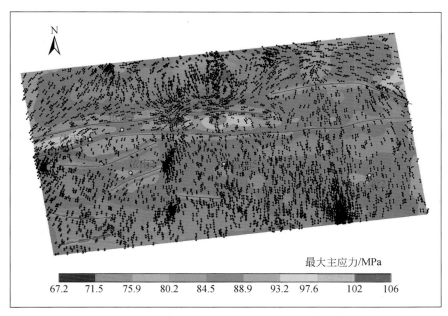

图 6-15　吐格尔明背斜的下侏罗统阿合组最大主应力优势方位图

　　构造应力场数值模拟后得到的最大主应力优势方位与实际观察的张裂缝产状相匹配。另外，计算获得的吐格尔明背斜最大主应力值与前人实测的古应力值也有很好的吻合（张明利等，2004；曾联波和王贵文，2005）。综上所述，本次吐格尔明背斜的构造应力场数值模拟的结果可信，可作为构造裂缝分布定量预测的基础。

6.3.3　岩心张裂缝的测量统计分析

　　岩心是获取地下张裂缝分布的最直接和最有效的资料，也是分析和评价地下张裂缝分布最可靠的资料（孙业恒，2009；曾联波等，2007）。

　　首先进行张裂缝的识别工作，区分天然张裂缝和人工张裂缝（苏培东等，2005；孙业恒，2009）。

　　天然张裂缝的特征是：①张裂缝中局部或者全部有充填物；②常成组出现，具有一个或者多个平行组系；③张裂缝面上可见擦痕面和阶步等现象。

　　人工张裂缝的特征是：①人工缝的形状很不规则或呈贝壳状；②人工缝常平行于岩心轴或者与层面一致；③人工缝有的呈环形，或者是在岩心边缘其走向或倾角发生变化，推测为压力消失后形成的卸载缝；④有的人工缝呈螺旋形或杯形，是岩心筒扭动时形成的。

　　天然张裂缝可分为构造张裂缝和非构造张裂缝，构造张裂缝是指由于构造作用或者构造运动而形成的张裂缝。张性构造裂缝的识别标志包括：①多成组出现，构成张裂缝系；②有部分或者全部充填的现象；③多具有较好的延伸性，并且缝面上有擦痕和阶步（孙业恒，2009）。

　　裂缝密度是分析和评价构造裂缝的重要参数，可分为线密度、面密度和体密度（Van Golf-Racht，1982；孙业恒，2009）。

　　线密度（D_{lf}）是指在某一方向单位长度岩心上所观测到的构造张裂缝的数目：

$$D_{lf} = \frac{n}{l} \tag{6-24}$$

式中，D_{lf} 为构造张裂缝线密度（条/m）；n 为构造张裂缝的条数；l 为所观测岩心的长度（m）。

　　面密度（D_{sf}）是指单位岩心横截面上构造张裂缝总长度，即构造张裂缝累计长度与流动横截面上基质总面积的比值：

$$D_{sf} = \frac{l_t}{S_t} \tag{6-25}$$

式中，D_{sf} 为裂缝面密度（m^{-1}）；l_t 为裂缝累计长度（m）；S_t 为流动横截面上基质总面积（m^2）。

　　体密度（D_{vf}）是指裂缝总表面积与岩石总体积的比值：

$$D_{vf} = \frac{S_{tf}}{V_t} \tag{6-26}$$

式中，D_{vf} 为裂缝体密度（m^{-1}）；S_{tf} 为裂缝总表面积（m^2）；V_t 为岩石总体积（m^3）。

　　根据岩心裂缝的交切关系，当裂缝的倾角 $\theta = 90°$ 时候，裂缝的表面积可表示为

$$S_{tf} = L \times H \tag{6-27}$$

当 $0° \leq \theta < 90°$ 时候，裂缝的表面积可表示为

$$S_{tf} = \frac{D^2}{4}\left(\frac{\frac{\pi}{180}\alpha}{\cos\theta} - \frac{\sin2\alpha}{2\cos\theta}\right) \tag{6-28}$$

$$\alpha = \arccos\left(1 - \frac{2L\cos\theta}{D}\right) \tag{6-29}$$

式中，L 为沿岩心表面出露的裂缝长度；H 为沿岩心裂缝走向上的长度，其最大值为岩心直径；D 为岩心直径；θ 为裂缝倾角。

在三种裂缝密度中，裂缝线密度最易获得，是描述裂缝渗流能力的重要参数，方向性和尺度效应明显，但在实际应用中，由于张裂缝规模大小不同，用张裂缝线密度定量描述构造张裂缝发育程度存在不确定性问题，即相同密度的大张裂缝和小张裂缝对储层的贡献不同（黄辅琼等，1999；曾联波等，2007）；张裂缝面密度较为常用，但是也受到方向性和尺度效应的影响；张裂缝体密度可以作为反映张裂缝的发育程度的定量指标（孙业恒，2009），但是难以测量和计算。

对吐格尔明背斜的 11 口探井侏罗系致密取心段张裂缝进行观测并计算张裂缝密度，统计结果显示，吐格尔明背斜的依南 2 井阿合组的张裂缝最为发育，张裂缝密度可达 7.03m^{-1}（表6-2）。

表 6-2　吐格尔明背斜的中-下侏罗统岩心张裂缝密度统计表

井号	地层	加权张裂缝面密度/m⁻¹	岩心长度/m
库北 1 井	克孜勒努尔组	0.46	6.80
	阳霞组	0.17	5.06
克孜 1 井	克孜勒努尔组	3.22	18.10
	阳霞组	2.12	17.25
	阿合组	3.25	12.68
依西 1 井	克孜勒努尔组	0.39	34.43
	阳霞组	0.93	41.98
	阿合组	2.44	4.50
依南 4 井	克孜勒努尔组	0.85	7.70
	阳霞组	1.58	40.25
	阿合组	1.16	125.50
依深 4 井	克孜勒努尔组	0.90	17.35
	阳霞组	1.38	73.25
	阿合组	1.12	44.64
依南 2 井	克孜勒努尔组	1.53	27.96
	阳霞组	0.67	49.59
	阿合组	7.03	17.02

续表

井号	地层	加权张裂缝面密度/m^{-1}	岩心长度/m
依南 2C 井	阳霞组	0.71	8.02
	阿合组	2.19	29.42
明南 1 井	阿合组	0.28	37.98
依南 5 井	阳霞组	0.60	16.27
	阿合组	0.71	52.48
吐孜 2 井	克孜勒努尔组	0.14	35.13
	阳霞组	0.52	9.94
	阿合组	0.25	10.25
吐西 1 井	阳霞组	1.86	12.59
	阿合组	2.17	3.26

克孜 1 井的克孜勒努尔组、阳霞组和阿合组,依南 2C 井的阿合组,依西 1 井的阿合组和吐西 1 井阿合组的张裂缝相对比较发育,而明南 1 井的阿合组、吐孜 2 井的克孜勒努尔组和阿合组,以及库北 1 井阳霞组的张裂缝密度相对较低,张裂缝欠发育(表 6-2)。从层位上分析,下侏罗统阿合组的张裂缝最为发育,其次是下侏罗统阳霞组(表 6-2 和图 6-16 ~ 图 6-18)。

吐格尔明背斜的中侏罗统克孜勒努尔组岩心张裂缝密度在克孜 1 井处最大,为 3.22m^{-1},可能与该处的局部构造作用有关,其次是依南地区,依南 2 井、依深 4 井及依南 4 井的张裂缝密度相对较高。依南地区东部的吐孜 2 井、吐西 1 井及吐格尔明地区明南 1 井克孜勒努尔组的张裂缝不发育,张裂缝密度极低(图 6-16 和表 6-2)。

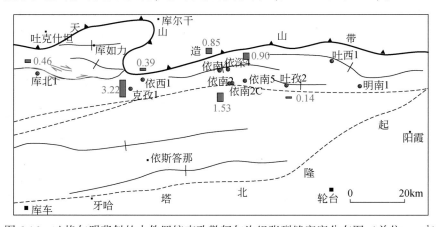

图 6-16　吐格尔明背斜的中侏罗统克孜勒努尔沟组张裂缝密度分布图(单位:m^{-1})

吐格尔明背斜的下侏罗统阳霞组岩心张裂缝密度在克孜 1 井处最大,为 2.12m^{-1},其次吐西 1 井、依南 4 井以及依深 4 井等处的张裂缝密度也相对较高。依南地区的依南 2 井和东部吐孜 2 井、依南 5 井阳霞组的张裂缝不发育,张裂缝密度相对较低(图 6-17 和表 6-2)。下侏罗统阳霞组的张裂缝密度整体上比克孜勒努尔组的高,张裂缝更为发育。

吐格尔明背斜的下侏罗统阿合组岩心张裂缝密度在依南 2 井处最大，为 7.03m⁻¹，可能与该处的局部构造作用有关，其次克孜 1 井、依西 1 井及吐西 1 井等处阿合组的张裂缝密度也相对较高（图 6-18 和表 6-2）。

利用岩心张裂缝的密度分析，吐格尔明背斜的张裂缝以中高角度为主，因岩心直径通常要比裂缝间距小许多，因此，岩心所获得的张裂缝密度往往具有很大的随机性，不能直接据此通过数学插值进行研究区的裂缝预测（Hennings et al.，2000）。

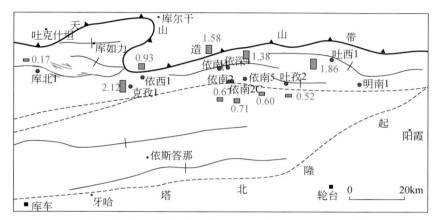

图 6-17　吐格尔明背斜的下侏罗统阳霞组张裂缝密度分布图（单位：m⁻¹）

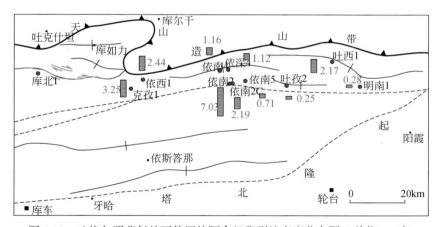

图 6-18　吐格尔明背斜的下侏罗统阿合组张裂缝密度分布图（单位：m⁻¹）

6.3.4　吐格尔明背斜的张裂缝密度预测

为了克服利用岩心裂缝密度数学插值预测裂缝的局限性和随机性，本节首先对岩心裂缝密度数据进行加权统计分析，获得各层的加权平均裂缝密度，以备与岩石破裂值和应变能进行相关分析。由于构造裂缝是应力场作用下岩石破裂的结果，因此构造裂缝的发育程度和分布规律与应力场具有密切联系。本节重点利用在弹性力学有限元基础上开发的"二元法"对吐格尔明背斜开展张裂缝的定量预测。通过前面计算得到的构造应力场，进一步计算出吐格尔明背斜的破裂值和应变能的分布情况，再与各层的已知加权平均裂缝密度建立相关经验公式，最后将破裂值和应变能等值线图转化为裂缝密度等值线图。

1. 计算破裂值

从计算获得的破裂值等值线平面图分析，断层附近岩石破裂作用最强，相应的破裂值也最大。另外，吐格尔明背斜枢纽附近的破裂值也较大。在纵向上，下侏罗统阿合组破裂值最大，其次是下侏罗统阳霞组，中–上侏罗统的破裂值最小（图 6-19 ~ 图 6-21）。

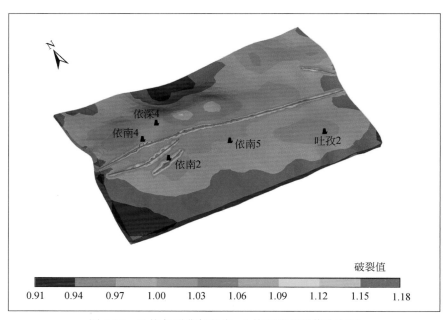

图 6-19　吐格尔明背斜的中–上侏罗统破裂值分布图

2. 计算应变能

从计算获得的应变能等值线平面图分析，吐格尔明背斜枢纽处的应变能较大，其次是迪北气田的依南 2 井地区。在纵向上，下侏罗统阿合组应变能最大，可达 0.226J/m³，其次是下侏罗统阳霞组（图 6-22 ~ 图 6-24）。

3. 建立破裂值和应变能与实测裂缝密度的关系式

通过建立吐格尔明背斜的侏罗系致密岩石破裂值、应变能与岩心加权裂缝密度的相关经验公式，进行构造裂缝发育程度及其分布规律的定量预测。

喜马拉雅晚期是库车拗陷东部依奇科里克构造带最主要的构造裂缝形成期，形成了该带绝大多数的构造裂缝。因为模拟计算主造缝期（喜马拉雅晚期）构造应力场，但依奇科里克构造带吐格尔明背斜的取心井岩心未进行定向处理，岩心中所测量的构造裂缝为地质历史中所有期次形成的构造裂缝，所以裂缝密度会偏大。野外露头构造裂缝的观测表明，喜马拉雅晚期构造裂缝约占所有期次构造裂缝的 75% 左右。

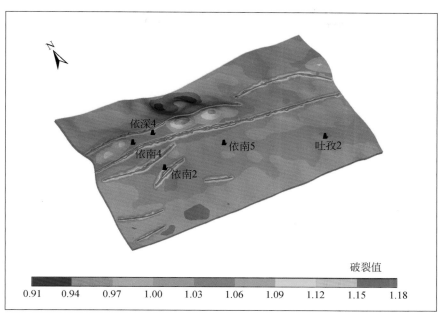

图 6-20 吐格尔明背斜的下侏罗统阳霞组破裂值分布图

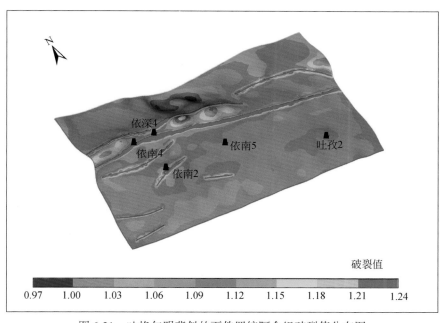

图 6-21 吐格尔明背斜的下侏罗统阿合组破裂值分布图

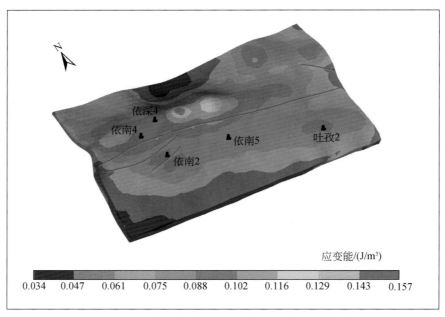

图 6-22 吐格尔明背斜的中–上侏罗统应变能分布图

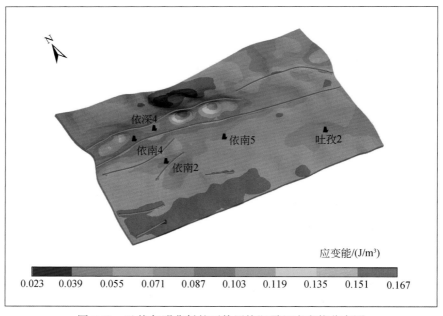

图 6-23 吐格尔明背斜的下侏罗统阳霞组应变能分布图

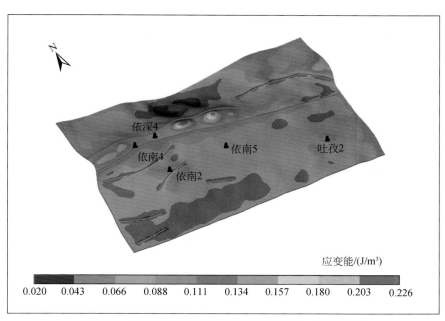

图 6-24　吐格尔明背斜的下侏罗统阿合组应变能分布图

　　利用相对误差（f）反映预测的精度，并且一般认为相对误差在 25% 以内时，预测结果可靠（丁中一等，1998）。相对误差公式为

$$f = \frac{|\ \text{预测值} - \text{实测值}\ |}{\text{实测值}} \times 100\% \tag{6-30}$$

　　对吐格尔明背斜的中-上侏罗统岩石破裂值、应变能与构造裂缝密度进行拟合处理，建立其相关经验公式（表6-3）。吐格尔明背斜的中-上侏罗统岩石破裂值、应变能与裂缝密度的关系式为

$$F_{\mathrm{d}} = 33.7400x - 171.2000y - 18.4852\,(R^2 = 0.9358) \tag{6-31}$$

式中：F_{d} 为裂缝密度（m^{-1}）；x 为破裂值；y 为应变能（$\mathrm{J/m}^3$）；R 为相关系数。

表 6-3　吐格尔明背斜的中-上侏罗统破裂值和应变能与张裂缝密度统计表

井号	破裂值	应变能 /($\mathrm{J/m}^3$)	实测岩心张裂缝密度/m^{-1}	喜马拉雅晚期岩心张裂缝密度/m^{-1}	预测张裂缝密度/m^{-1}	相对误差/%
依南 4 井	1.02	0.089	0.85	0.64	0.69	8.3
依深 4 井	1.02	0.090	0.90	0.68	0.52	23.3
依南 2 井	1.08	0.098	1.53	1.15	1.18	2.3
吐孜 2 井	1.00	0.088	0.14	0.11	0.19	72.0

　　吐格尔明背斜枢纽上的中-上侏罗统张裂缝密度在断层附近最大，可以达到 $1.8\,\mathrm{m}^{-1}$，其次是依南 2 井附近，在 $1.0\,\mathrm{m}^{-1}$ 左右，在吐格尔明背斜的南翼和北翼的张裂缝密度最小，密度仅为 $0 \sim 0.02\,\mathrm{m}^{-1}$（图 6-25）。

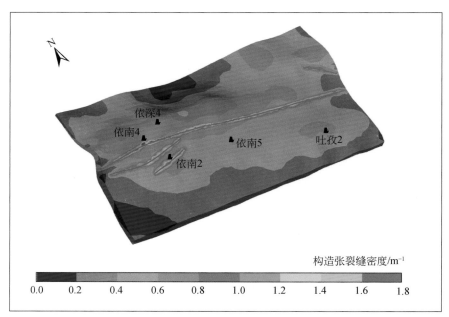

图 6-25　吐格尔明背斜的中–上侏罗统有效构造张裂缝密度分布预测图

误差分析方面，除吐孜 2 井的相对误差为 72.0% 以外，其他各井的相对误差均在 25% 以内，表明吐格尔明背斜的中–上侏罗统张裂缝密度及其分布的预测结果可信（表 6-3）。

对吐格尔明背斜的下侏罗统阳霞组破裂值、应变能与张裂缝密度进行拟合分析，建立其相关经验公式（表 6-4）。吐格尔明背斜的下侏罗统阳霞组破裂值、应变能与张裂缝密度的经验关系式为

$$F_d = -10.8336x + 71.4439y + 6.1890 \quad (R^2 = 0.8444) \tag{6-32}$$

式中，F_d 为构造张裂缝密度（m^{-1}）；x 为岩石破裂值；y 为应变能（J/m^3）；R 为相关系数。

表 6-4　吐格尔明背斜的下侏罗统阳霞组破裂值和应变能与张裂缝密度统计表

井号	破裂值	应变能/(J/m^3)	实测构造张裂缝密度/m^{-1}	喜马拉雅晚期构造张裂缝密度/m^{-1}	预测构造张裂缝密度/m^{-1}	相对误差/%
依南 4 井	1.05	0.090	1.58	1.18	1.24	5.4
依深 4 井	1.01	0.078	1.38	1.03	0.82	20.4
依南 2 井	1.06	0.080	0.67	0.50	0.42	15.8
吐孜 2 井	1.03	0.076	0.52	0.39	0.46	18.0
依南 5 井	1.01	0.075	0.60	0.45	0.60	34.5

吐格尔明背斜的下侏罗统阳霞组张裂缝在断层附近最大，可达 $1.4 \sim 1.8 m^{-1}$，其次依南 2 井地区的张裂缝密度为 $0.8 \sim 1.2 m^{-1}$（图 6-26）。

误差分析方面，除依南 5 井的相对误差为 34.5% 以外，其他各井的相对误差均在 25% 以内，表明吐格尔明背斜的下侏罗统阳霞组张裂缝密度及其分布的预测结果可信（表 6-4）。

对吐格尔明背斜的下侏罗统阿合组破裂值、应变能与张裂缝密度进行拟合处理，建立

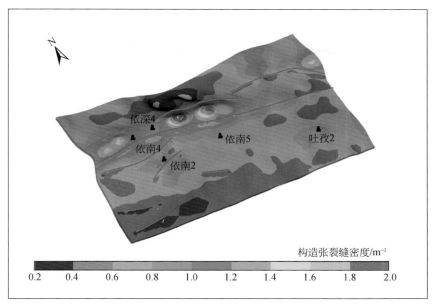

图 6-26　吐格尔明背斜的下侏罗统阳霞组有效构造张裂缝密度分布预测图

三者之间的经验公式（表 6-5）。吐格尔明背斜的下侏罗统阿合组破裂值、应变能与张裂缝密度的经验关系式为

$$F_d = 24.8224x - 5.6909y - 25.9610(R^2 = 0.9781)　　　　　　(6-33)$$

式中，F_d 为张裂缝密度（m^{-1}）；x 为破裂值；y 为应变能（J/m^3）；R 为相关系数。

　　吐格尔明背斜的下侏罗统阿合组在断层附近、背斜枢纽附近和依南 2 井地区张裂缝密度较大，可达 1.5m^{-1} 以上，这些部位的张裂缝较发育（图 6-27）。

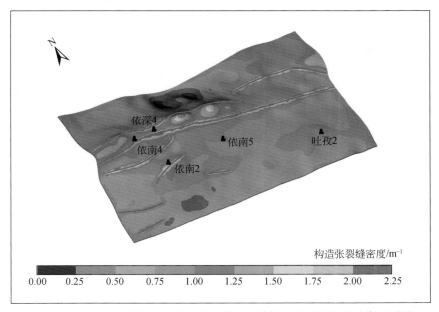

图 6-27　吐格尔明背斜的下侏罗统阿合组有效构造张裂缝密度分布预测图

误差分析方面，除未作拟合处理的依南2井的相对误差为34.1%以外，其他各井的相对误差均在25%以内，表明吐格尔明背斜的下侏罗统阿合组张裂缝密度及其分布的预测结果可信（表6-5）。

表6-5　吐格尔明背斜的下侏罗统阿合组破裂值和应变能与张裂缝密度的统计表

井号	破裂值	应变能/(J/m³)	实测岩心张裂缝密度/m⁻¹	喜马拉雅晚期岩心张裂缝密度/m⁻¹	预测张裂缝密度/m⁻¹	相对误差/%
依南4井	1.10	0.093	1.16	0.87	0.81	6.4
依深4井	1.10	0.085	1.12	0.84	0.86	2.4
依南2井*	1.21	0.106	7.03	5.27	3.47	34.1
吐孜2井	1.09	0.090	0.71	0.53	0.58	10.0
依南5井	1.07	0.075	0.25	0.19	0.17	9.4

*作为异常数据，未参与破裂值与张裂缝密度拟合。

塔里木油田勘探开发研究院利用地震资料进行张裂缝预测研究（图6-28），所得到的吐格尔明背斜的下侏罗统阿合组张裂缝发育和分布规律与本次研究结果类似，从而更加印证本次研究结果的可信性。

图6-28　地震资料预测的吐格尔明背斜下侏罗统阿合组张裂缝分布图
（塔里木油田提供）
图中颜色由蓝色到红色表明张裂缝密度逐渐增大

岩性及其组合可能会对模拟结果产生影响，吐孜2井中-上侏罗统和依南5井下侏罗统阳霞组实测张裂缝密度与预测的张裂缝密度相差较大，分析其原因，可能是岩性及其组合因素的影响，尤其是在构造变形较弱的依南5井地区，岩性及其组合因素的影响可能会更加突出。

以下侏罗统阳霞组为例进行说明,统计该组砂地比、张裂缝密度和相对误差 (表 6-6),不同的砂地比反映不同的沉积相和岩性特征,而模型中同一层采用相同的参数,因而对预测结果会造成影响,增大相对误差。依南 5 井处阳霞组预测结果相对误差较大,砂地比可能是其重要的影响因素。

表 6-6　吐格尔明背斜的下侏罗统阳霞组砂地比与张裂缝密度统计表

井号	实际张裂缝密度/m^{-1}	预测张裂缝密度/m^{-1}	相对误差/%	砂地比
依南 4 井	1.18	1.24	5.4	0.34
依深 4 井	1.03	0.82	20.4	0.46
依南 2 井	0.50	0.42	15.8	0.34
吐孜 2 井	0.39	0.46	18.0	0.37
依南 5 井	0.45	0.60	34.5	0.25

依南 2 井阿合组的张裂缝密度之所以较高,可能与该处断层复杂,存在一个局部构造有关。另外,由于构造活动强烈,取心井段岩石比较破碎,导致在岩心张裂缝观察、识别和测量的时候容易出现误差。

上述开展的三维模型裂缝定量预测结果表明岩性、层厚、地层曲率 (褶皱枢纽) 和断层分布格局是影响库车坳陷东部吐格尔明背斜侏罗系致密砂岩储层张裂缝分布规律及其发育程度的主要因素。虽然阳霞组和阿合组断层格局类似,但阳霞组内发育有煤系地层,因而在构造应力作用下,地层多发生塑性变形而不易产生脆性破裂形成张裂缝,其张裂缝密度较阿合组整体上偏低。

6.4　库车坳陷东部剪裂缝定量预测

上一节重点预测了库车坳陷东部依奇科里克背斜带的枢纽发育张裂缝,主要贡献常规油气的运移和聚集。近些年,在依奇克里克构造带的南翼迪北斜坡带 (图 6-29) 发现了非常规气,即下侏罗统致密砂岩气田——迪北气田,主要位于依南-吐孜地区。为了进一步高效开发迪北气田,有必要开展迪北气田致密砂岩的裂缝定量预测。由于依奇科里克构造带的南翼和向斜区主要发育剪裂缝,下面重点开展剪裂缝的定量预测。

本次建模的基础图件采用迪北气田区最新三维地震解释的下侏罗统阿合组顶面构造图 (图 6-29),考虑 46 条断层的格局、各地层的厚度,以及褶皱等地形起伏变化因素,建立三维精细模型,并将该精细三维模型嵌套在整个库车坳陷盆地内部 (图 6-30),以最大程度上减少边界效应导致的失真,另外库车坳陷的边界条件依据区域地质是比较清楚的,有利于设定模型的边界条件,来模拟喜马拉雅晚期的构造应力场。

根据研究区所取岩心样品的三轴岩石力学实验,在模拟取样深度的围压条件下,该区的岩石总体表现为脆性破裂后具有明显的应力降,因而将该区地质体按照弹性体来处理,用薄板弹性力学模型来计算。利用弹性力学有限元软件 ANSYS 建模,采用 8 个节点组成一个单元格的方法,对模型进行精细剖分,并考虑每条断层的规模、倾向和倾角对地层的影响来设置断层带的宽度。有限元剖分后共得到了 153824 个节点,生成了 265352 个单元。

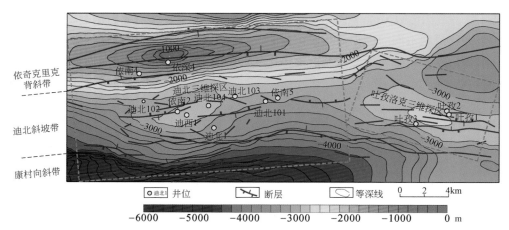

图 6-29　迪北气田三维探区阿合组顶面构造图（平面位置见图 6-1）

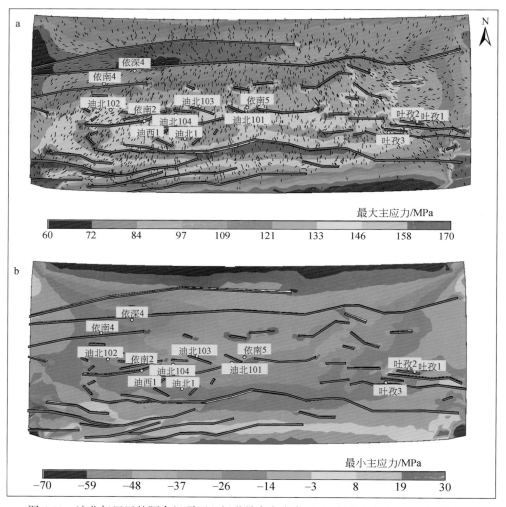

图 6-30　迪北气田区的阿合组顶面上新世最大主应力（a）与最小主应力（b）分布图

岩石力学性质直接影响了岩石受力时的变形行为和应力分布特征，因此进行应力场模拟还需要考虑岩石的力学参数。本节依据库车拗陷岩心的三轴岩石力学测试结果，分别获得密度、杨氏模量、泊松比、内摩擦角、内聚力、抗张强度等参数的平均值，作为库车拗陷各层的岩石力学参数值（表6-7）。

表6-7　迪北气田区的岩石力学参数表

层位	岩性	密度 /（g/cm³）	杨氏模量 /GPa	泊松比	内摩擦角 tanφ	内聚力 C /MPa
K 及以上	砂岩、砾岩、泥岩（半固结）	2.50	2	0.16	0.60	30
J$_{2-3}$	砂岩、泥岩	2.40	10	0.20	0.97	22
J$_1$y	砂岩、粉砂岩夹煤层	2.40	5	0.30	1.01	25
J$_1$a^1	砂砾岩	2.55	12.0	0.25	0.99	20
J$_1$a^2	上砂砾岩段	2.60*	12.5*	0.23*	0.99*	20*
J$_1$a^3	下砂砾岩段	2.65	13.0	0.21	0.99	20
T 及盆地基底	粉砂岩、灰岩及变质岩	2.70	30	0.25	1.29	45
断层	断层角砾岩	2.40	1	0.14	0.80	10

*J$_1$a 岩石力学参数为岩心三轴力学实验的测试平均值，其余地层以 J$_1$a 砂岩的岩石力学参数为对比，参考（陈勉等，2011）中相关岩石的力学参数值设定。

6.4.1　力学模型

在喜马拉雅晚期的上新世，由于天山的板内造山作用库车拗陷处在近南北向挤压作用下（曾联波等，2004；张仲培等，2006）。根据此时的区域应力状态，对库车拗陷模型的边界条件和作用载荷作出以下设定：

（1）库车拗陷在喜马拉雅晚期受到北部南天山造山隆起挤压作用的影响，故在模型北边界施加挤压应力，所设应力值以使计算值符合前人实测应力值为依据，并在垂向上叠加0.006MPa/m 的平均地应力梯度模拟沉积载荷。

（2）库车拗陷南缘受到塔北隆起的阻隔，将模型的南界设为固定边界。

（3）以上地壳底界 10km 为区域拆离层，取模型底部施加滑轮支撑。

（4）垂向上，施加地层自身所产生的重力作为沉积载荷（重力加速度 $g=9.8$m/s²）。

6.4.2　应力场模拟结果与评价

在研究区三维精细建模基础上，对模型赋予各岩石力学参数，并施加边界条件，利用弹性力学有限元软件 ANSYS 进行应力场计算。结果表明，库车拗陷自上新世以来最大主压应力方向主要表现为近南北向的挤压作用，与野外实测的应力感数据恢复的最大主压应力方向完全吻合（图6-9）。计算得到的阿合组顶面最大主应力在依奇克里克背斜附近较小，而在迪北斜坡带和断层的尖端较大（图6-30a），获得上新世最大主应力值为 80 ~ 140MPa，该区实测的上新世最大主应力值为 80 ~ 120MPa（张明利等，2004；曾联波等，2004；刘洪涛和曾联波，2004），计算应力值与实测应力值基本吻合（图6-30b）。

通过以上计算获得的最大主压应力方向和大小与实测数据的拟合对比分析，本数值模拟结果较为可信，计算获得的整个库车拗陷的区域应力场和迪北气田区的应力场是合理的，因此可作为迪北气田剪裂缝定量预测的应力场基础。

6.4.3　迪北气田致密砂岩的剪裂缝预测

依据可信的迪北–吐孜地区构造应力场数值模拟结果，利用库仑–纳维准则进行判定，计算研究区侏罗系岩石破裂值和应变能密度值。

1. 破裂值

研究区破裂值一般为 $0.8 \sim 1.50$，而且迪北–吐孜大部分地区均>1，表明研究区大部分地区均发生了剪破裂，这与岩心观察结果一致。平面上，破裂值的分布受到断层格局和地层起伏的控制，断层附近岩石破裂作用最强，相应的岩石破裂值也较大；剪破裂一般发生在斜坡带和向斜带，在依奇克里克背斜处剪破裂不发育。垂向上，从阿合组上段到阿合组下段破裂值逐渐增大（图 6-31 ~ 图 6-33）。

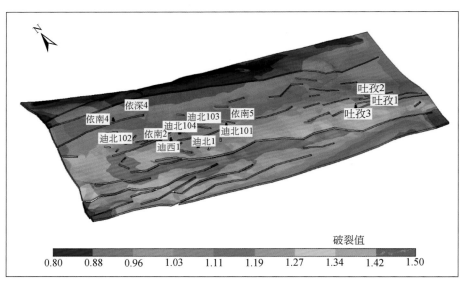

图 6-31　迪北–吐孜地区下侏罗统阿合组上段（J_1a^1）岩石破裂值分布图

2. 应变能

应变能为弹性体在外力作用下产生变形时其内部储存的能量，与弹性体体积的比值称为应变能密度，一般认为应变能密度较大的区域容易发生破裂。研究区应变能密度一般为 $0.1 \sim 0.9 \mathrm{J/m^3}$，其在平面上的分布规律受到断层的控制作用明显，在断层的尖端和较为接近的两条断层之间应变能密度较高。平面上，迪北斜坡带的应变能密度值要比依奇克里克背斜大，且迪北下斜坡带的应变能要大于上斜坡带；在依南 2—迪西 1—迪北 104 区域也较大。垂向上，阿合组由上往下，应变能密度逐渐增大（图 6-34 ~ 图 6-36）。

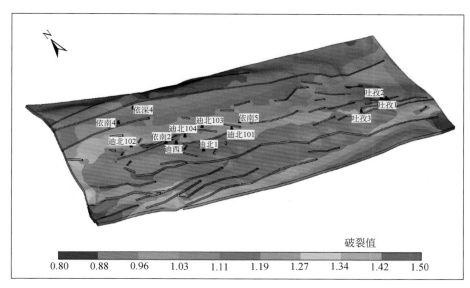

图 6-32　迪北–吐孜地区下侏罗统阿合组中段（J_1a^2）岩石破裂值分布图

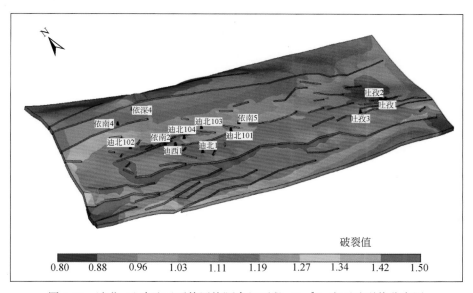

图 6-33　迪北–吐孜地区下侏罗统阿合组下段（J_1a^3）岩石破裂值分布图

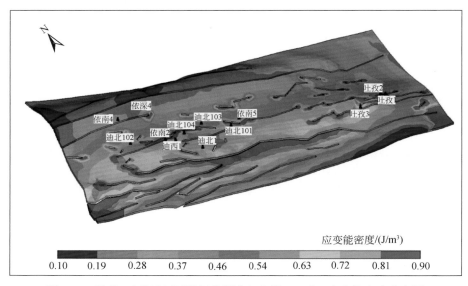

图 6-34　迪北–吐孜地区下侏罗统阿合组上段（J_1a^1）应变能密度分布图

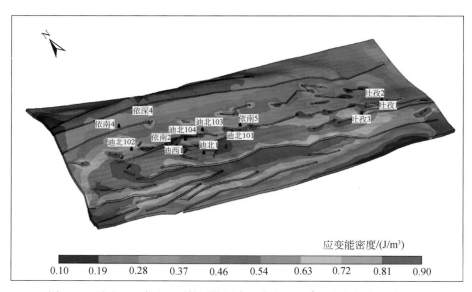

图 6-35　迪北–吐孜地区下侏罗统阿合组中段（J_1a^2）应变能密度分布图

　　通过建立迪北–吐孜地区侏罗系岩石破裂值、应变能密度与岩心构造裂缝密度的关系，进行构造裂缝发育程度和分布状态的定量预测。

　　喜马拉雅晚期是迪北–吐孜地区最主要的构造裂缝形成期，形成了迪北–吐孜地区最大数量的构造裂缝。由于模拟计算主造缝期（喜马拉雅晚期）构造应力场，但迪北–吐孜地区取心井岩心未进行定向处理，岩心中所测量的构造裂缝为地质历史中所有期次形成的构造裂缝，因而构造裂缝密度会偏大。野外露头构造裂缝的观测表明，喜马拉雅晚期构造裂缝占所有期次构造裂缝的 75% 左右。

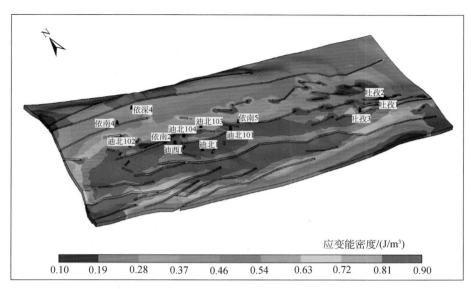

图 6-36 　迪北–吐孜地区下侏罗统阿合组上段（J_1a^3）应变能密度分布图

对迪北–吐孜地区下侏罗统阿合组上段岩石破裂值、应变能密度与构造裂缝密度进行二元二次拟合处理，建立其相关性（表 6-8）。

表 6-8 　下侏罗统阿合组上段（J_1a^1）岩石破裂值和应变能密度与构造裂缝密度统计表

井号	层位	破裂值 x	应变能密度 y/(J/m³)	构造裂缝密度 D/m⁻¹
迪北 101		1.26	0.8	0.05
迪北 102		1.25	0.58	0.1
迪北 103		1.19	0.5	0.05
迪北 104		1.265	0.72	5.05
迪西 1		1.3	0.63	0.05
依南 2	J_1a^1	1.28	0.63	2.111
依深 4		0.91	0.21	0.05
依南 4		1.09	0.35	0.929
依南 5		1.19	0.58	0.08
吐孜 2		1.3	0.63	0.06

注：迪北 101、迪北 103、迪北 104 和迪西 1 井各层位的裂缝密度数据为通过成像测井裂缝识别统计并归一化转换后得到。

迪北–吐孜地区下侏罗统阿合组上段（J_1a^1）岩石破裂值、应变能密度与构造裂缝密度的关系式为

$$D = -912 + 2199x - 1501y + 1637xy - 1290x^2 - 405y^2 \quad (R^2 = 0.98)$$

式中，D 为构造裂缝密度（m⁻¹）；x 为岩石破裂值；y 为应变能密度（J/m³）；R 为相关系数。

阿合组上段有效裂缝密度预测值一般为 $0 \sim 4 \text{m}^{-1}$（图 6-37），斜坡带的裂缝密度明显较大；裂缝密度一般在两条断层的连接处或者地层起伏变化剧烈的区域较大；迪北地区依

南 2—迪西 1—迪北 104 井和迪北 101—依南 5 井以南一带裂缝密度预测值较大，最高可超过 4m⁻¹，迪北 102、103 井附近裂缝密度相对较低；吐孜地区吐孜 1 井和 2 井附近裂缝密度较低，但吐孜 1 井以西和吐孜 3 井以北的低幅背斜区域裂缝密度值预测较高。预测迪北 101—依南 5 井以南的裂缝密度较高（图 6-38）。

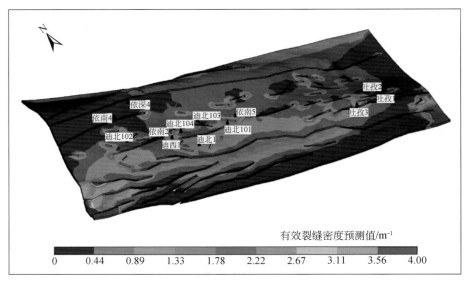

图 6-37　迪北–吐孜地区下侏罗统阿合组上段（J_1a^1）有效裂缝密度预测值分布图

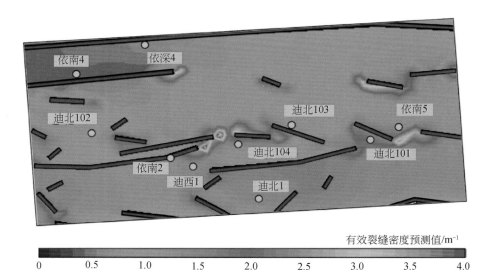

图 6-38　迪北地区下侏罗统阿合组上段（J_1a^1）有效裂缝密度预测值分布放大图

对迪北–吐孜地区下侏罗统阿合组中段（J_1a^2）岩石破裂值、应变能密度与构造裂缝密度进行拟合分析，建立其相关性（表 6-9）。

表 6-9　下侏罗统阿合组中段（J_1a^2）岩石破裂值和应变能密度与构造裂缝密度统计

井号	层位	破裂值 x	应变能密度 $y/(J/m^3)$	构造裂缝密度 D/m^{-1}
迪北 101		1.31	0.85	0.956
迪北 102		1.3	0.68	0.494
迪北 103		1.26	0.56	0.22
迪北 104		1.32	0.77	12.865
迪西 1	J_1a^2	1.38	0.81	16.758
依南 2		1.36	0.73	7.196
依深 4		1	0.24	0.05
依南 4		1.17	0.35	1.159
依南 5		1.29	0.7	0.057
吐孜 2		1.31	0.6	0.349

注：迪北 101、迪北 103、迪北 104 和迪西 1 井各层位的裂缝密度数据为通过成像测井裂缝识别统计并归一化转换后得到。

迪北–吐孜地区下侏罗统阿合组中段（J_1a^2）岩石破裂值、应变能密度与构造裂缝密度的关系式为

$$D = -1543 + 3347x - 2047y + 1934xy - 1758x^2 - 327y^2 \quad (R^2 = 0.85)$$

式中，D 为构造裂缝密度（m^{-1}）；x 为岩石破裂值；y 为应变能密度（J/m^3）；R 为相关系数。

迪北气田的阿合组中段有效裂缝密度预测值一般为 $0 \sim 9m^{-1}$，斜坡带的裂缝密度明显较大。研究区构造格局控制了裂缝密度的展布，断层连接处或转折处，以及斜坡带的裂缝密度一般较高；迪北气田的依南 2—迪西 1—迪北 104 井和迪北 101—依南 5 井以南一带，以及迪北 1 井的东北方向裂缝密度预测值较大；迪北 103、依南 5 井附近裂缝密度相对较低；吐孜地区吐孜 1 和 2 井附近裂缝密度较低，吐孜 3 井以北和以西的低幅背斜区域裂缝密度值预测较高（图 6-39）。而迪北气田的阿合组中段有效裂缝密度预测值一般为 $0 \sim$

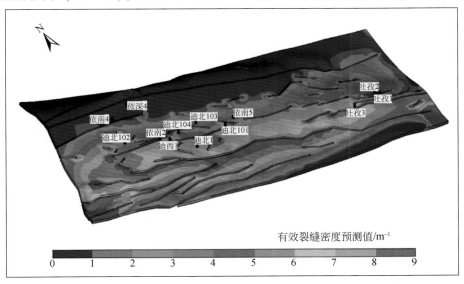

图 6-39　迪北–吐孜地区下侏罗统阿合组中段（J_1a^2）有效裂缝密度预测值分布图

$11m^{-1}$；依南2—迪西1—迪北104井区域裂缝密度预测值较大，最高可达到$10m^{-1}$；迪北102、迪北103、依南5井以北区域裂缝密度相对较低；预测迪北101井以西、依南5井以南、迪北1井以北的裂缝密度可能较高（图6-40）。

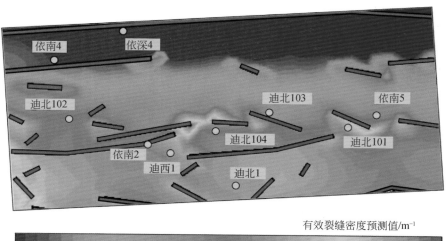

有效裂缝密度预测值/m^{-1}

0　1.2　2.4　3.7　6.1　7.3　8.6　9.8　11.0

图6-40　迪北地区下侏罗统阿合组中段（J_1a^2）有效裂缝密度预测值分布放大图

对迪北气田的下侏罗统阿合组下段（J_1a^3）岩石破裂值、应变能密度与构造裂缝密度进行拟合分析，建立其相关性（表6-10）。

表6-10　下侏罗统阿合组下段（J_1a^3）岩石破裂值和应变能密度与构造裂缝密度统计表

井号	层位	破裂值 x	应变能密度 y/（J/m^3）	构造裂缝密度 D/m^{-1}
迪北101		1.34	0.86	0.15
迪北102		1.35	0.76	0.337
迪北103		1.32	0.61	0.05
迪西1	J_1a^3	1.38	0.86	9.46
依南2		1.38	0.82	9.069
依深4		1.04	0.3	2.97
依南4		1.2	0.42	1.186
吐孜2		1.36	0.71	0.92

注：迪北101、迪北102、迪北103和迪西1井各层位的裂缝密度数据为通过成像测井裂缝识别统计并归一化转换后得到。

迪北气田的下侏罗统阿合组下段（J_1a^3）岩石破裂值、应变能密度与构造裂缝密度的关系式为

$$D = -106 + 324x - 675y + 284xy - 122x^2 + 195y^2 \quad (R^2 = 0.95)$$

式中，D为构造裂缝密度（m^{-1}）；x为岩石破裂值；y为应变能密度（J/m^3）；R为相关系数。

迪北气田的阿合组下段有效裂缝密度预测值一般为$0\sim9m^{-1}$，斜坡带的裂缝密度明显

较大；研究区构造格局控制了裂缝密度的展布，断层连接处或转折处，以及斜坡带的裂缝密度一般较高；迪北气田的依南 2—迪西 1—迪北 104 井和迪北 101—依南 5 井以南一带，以及迪北 1 井东北方向—依南 5 井以南裂缝密度预测值较大；迪北 102、103 井以北裂缝密度相对较低；吐孜地区吐孜 1 和 2 井附近裂缝密度较低，但吐孜 2 和吐孜 3 井之间及吐孜 3 井以西的裂缝密度值预测较高（图 6-41）。迪北气田的依南 2—迪西 1—迪北 104 井区域裂缝密度预测值较大，最高可达到 $10m^{-1}$；迪北 102、迪北 103、依南 5 井以北区域裂缝密度相对较低；预测迪北 1 井东北方向和依南 5 井之间的区域可能是一个裂缝较为发育区（图 6-42）。

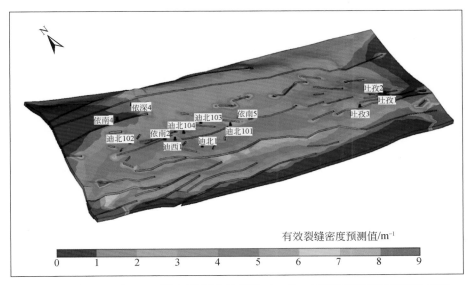

图 6-41　迪北–吐孜地区下侏罗统阿合组下段（J_1a^3）有效裂缝密度预测值分布图

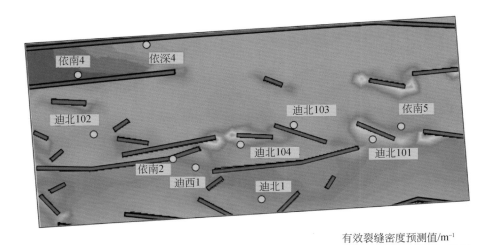

图 6-42　迪北地区下侏罗统阿合组下段（J_1a^3）有效裂缝密度预测值分布放大图

误差分析方面，由于模型中 J_1a^1、J_1a^2、J_1a^3 三层的厚度较薄，再加上分布众多的断层，导致其变形非常强烈，这些因素导致预测结果变化范围较大；依南 2 井阿合组的构造裂缝密度之所以较高，可能是由于该处断层复杂，且存在一个局部小构造。由于参与拟合的井的数量较少，一些井段参与加权的岩心长度较小，故导致拟合的结果可能存在一些偏差；此外，岩心实测裂缝面密度和成像测井裂缝识别的线密度统计方法有差别，将裂缝线密度归一化为岩心裂缝面密度时可能存在一定的系统误差。此外，一套地层可能有不同的沉积相和岩性特征，而模型中同一层采用相同的参数，因而对预测结果会造成影响，特别是在构造变形较弱的地区（如迪北 1 井），从而增大相对误差。

6.5　小　　结

（1）三维模型裂缝定量预测结果表明岩性、层厚、地层曲率（褶皱枢纽）和断层分布格局是影响库车拗陷东部吐格尔明背斜侏罗系致密砂岩储层张裂缝分布规律及其发育程度的主要因素。库车拗陷东部吐格尔明背斜侏罗系致密砂岩储层张裂缝主要分布在吐格尔明背斜的枢纽及附近，主要分布在背斜转折端。虽然阳霞组和阿合组断层格局类似，但阳霞组内发育有煤系地层，因而在构造应力作用下，地层多发生塑性变形而不易产生脆性破裂形成张裂缝，其张裂缝密度较阿合组整体上偏低。

（2）迪北气田下侏罗统阿合组致密砂岩的剪裂缝十分发育，以中高角度缝为主。岩心剪裂缝的开度基本集中在 $0 \sim 1mm$，以未充填和半充填为主，仅有少部分被钙质和碳质充填，剪裂缝有效性较高，有利于致密砂岩储层的油气运移和聚集。

（3）利用三维弹性力学有限元方法进行应力场数值模拟，基于扎实的地质模型和合理的力学模型，计算获得可信的应力场结果为深入开展裂缝定量预测奠定力学基础。迪北气田的剪裂缝定量预测结果有助于致密砂岩气的勘探开发。在平面上，迪北斜坡带依南 2—迪西 1—迪北 104 井和迪北 101—依南 5 井以南是两个重要的剪裂缝发育区；垂向上，阿合组中段和下段要比上段剪裂缝更为发育，表明越深越有利于致密砂岩发育裂缝，深部可以存在有利的裂缝储集空间。建议加强对迪北 1 井东北方向和依南 5 井以南之间的区域的研究，另外吐孜 1 井以西和吐孜 3 井以北之间也值得关注。

第7章 总 结

构造裂缝发育程度是致密砂岩储集性和渗透性评价的重要指标。通过大量野外和岩心的构造裂缝测量统计和分析，研究了影响构造裂缝分布和发育程度的主要因素，包括：岩性、层厚和各种构造（如褶皱和断裂）。认为越细越薄的碎屑岩越有利于裂缝的发育；距断裂越近，裂缝越发育；背斜中和面以上的转折端区是张裂缝发育的重要构造部位。以研究区的构造图为基础，建立三维非均质性的模型，利用弹性力学有限元数值模拟方法，计算研究区的构造应力场，以及研究区的岩石破裂值和应变能（二元法）分布，在岩心的裂缝密度实测数据约束下，通过建立实测的裂缝数据与计算的破裂值和应变能之间相关经验公式，预测研究区的构造裂缝密度分布，最后总结构造裂缝的分布规律。

本书通过库车拗陷山前冲断带克拉苏–依奇克里克构造带的致密砂岩储层裂缝发育特征分析和裂缝定量预测，分析了构造裂缝分布规律及其形成发育的力学机制，得到如下认识：

（1）库车拗陷在新近纪近南北向区域挤压应力场和局部应力场的影响下，主要发育NNE、NNW和近EW向三个优势方位走向的裂缝，其中，NNE向裂缝最发育。

（2）构造裂缝类型以剪性和张剪性的大于45°的高角度斜交裂缝和垂直裂缝为主，野外开度多为0~5mm，岩心开度一般为0~1mm，且大部分裂缝未充填或半充填。

（3）库车拗陷构造裂缝发育特征的各参数分布呈现出"东西分段，南北分带"的特点：以克拉苏–依奇克里克构造带的裂缝密度和强度最高，且裂缝有效性较高。具体到层位上，库车拗陷东部以下侏罗统阿合组砂岩裂缝最为发育，库车拗陷西部则以下白垩统巴什基齐克组砂岩的裂缝密度最高。

（4）库车拗陷构造裂缝发育特征的分布规律在空间上和平面上既有一致性又存在差异性。裂缝的性质、走向、倾角和裂缝密度等特征在地表和地下的分布规律表现出连续性和一致性，总体上地下裂缝的开度比地表裂缝的小，但地下裂缝的充填程度比地表裂缝的高；而在平面上，裂缝发育特征则在库车拗陷的东西部表现出了差异性。库车拗陷东部的致密储层以下侏罗统致密砂岩为主，裂缝以北北东向剪裂缝为主，而库车拗陷西部的致密储层以克深地区下白垩统巴什基齐克组致密砂岩为主，以平行于褶皱枢纽方向的近东西向纵张裂缝为主，其次为北东向张剪裂缝。

（5）通过分析构造裂缝密度与断层、褶皱等因素之间的关系，建立库车拗陷东部地区各种因素控制构造裂缝发育的规律。粗碎屑岩的粒级对构造裂缝发育程度的影响差异不大，细碎屑岩的粒级对构造裂缝发育程度影响较大，在地层厚度相同且构造简单的条件下，粒级越细，构造裂缝密度值越高，越有利于裂缝发育。岩层越薄，构造裂缝密度越大，构造裂缝越发育；岩层越厚，越不利于构造裂缝的发育。当地层厚度达到一定范围（即临界厚度）后，层厚对构造裂缝的发育几乎没有影响，对库车拗陷东部地区而言，该临界厚度约为0.5m。褶皱转折端的裂缝密度明显比两翼的高，并且褶皱陡翼裂缝要比缓翼发育。构造裂缝密度与距轴面的距离呈指数关系，随着距褶皱轴面距离的增大，构造裂缝密度呈指数减小。距离断层越近，构造裂缝越发育，并且在层厚和岩性相同时，主动盘比被动盘裂缝发育。构造裂缝密度与距断层距离呈指数关系，随着距断层距离的增大，构造裂缝密度呈指数减小。

（6）在野外露头构造裂缝观测和统计的基础上，利用单因素控制法和弹塑性有限元数值模拟对不同构造形成过程中构造裂缝的发育机制，确定研究区内不同构造中影响裂缝发育的主控因素：褶皱模型中，地层越薄、压缩量越大，构造裂缝越发育。地层厚度是影响褶皱形成过程中构造裂缝发育的主控因素。压扭性走滑断层模型中，断层滑移量、断层摩擦系数和挤压应力越大时，压扭性走滑断层内构造裂缝越发育。断层滑移量是影响压扭性走滑断层形成过程中构造裂缝发育的主控因素。简单逆冲断层模型中，断层滑移量和摩擦系数越大、断层倾角接近45°时，构造裂缝越发育。断层倾角是影响简单逆冲断层形成过程中构造裂缝发育的主控因素。断层转折褶皱模型中，断层滑移量、断坡初始角（在0°~45°范围内）、地层摩擦系数和断层摩擦系数越大时，构造裂缝越发育。断层摩擦系数是影响断层转折褶皱形成过程中构造裂缝发育的主控因素。

另外，膏盐层也是促进邻近致密砂岩层裂缝发育的重要因素。白垩系和侏罗系致密砂岩的裂缝发育程度及其分布受到邻近膏盐层厚度、深度和断背斜的构造部位的影响。对于埋深较深且膏盐层较厚的地区有利于邻近致密砂岩层的构造裂缝发育。

（7）三维模型裂缝定量预测结果表明岩性、层厚、地层曲率（褶皱枢纽）和断层分布格局是影响库车拗陷东部吐格尔明背斜侏罗系致密砂岩储层张裂缝分布规律及其发育程度的主要因素。库车拗陷东部吐格尔明背斜侏罗系致密砂岩储层张裂缝主要分布在吐格尔明背斜的枢纽及附近，主要分布在背斜转折端。虽然阳霞组和阿合组断层格局类似，但阳霞组内发育有煤系地层，因而在构造应力作用下，地层多发生塑性变形而不易产生脆性破裂形成张裂缝，其张裂缝密度较阿合组整体上偏低。

（8）库车拗陷东部的致密砂岩气田（迪北气田）主要分布依奇克里克背斜带的斜坡带，因此以剪裂缝为主。该斜坡带下侏罗统阿合组致密砂岩的剪裂缝十分发育，以中高角度缝为主。岩心剪裂缝的开度基本集中在0~1mm范围，以未充填和半充填为主，仅有少部分被钙质和碳质充填，剪裂缝有效性较高，有利于致密砂岩储层的油气运移和聚集。

三维模型裂缝定量预测结果表明迪北斜坡带依南2—迪西1—迪北104井和迪北101—依南5井以南是两个重要的剪裂缝发育区；垂向上，阿合组中段和下段要比上段剪裂缝更为发育，表明越深越有利于致密砂岩发育裂缝，深部可以存在有利的裂缝储集空间。建议加强对迪北1井东北方向和依南5井以南之间的区域的研究，另外吐孜1井以西和吐孜3井以北之间也值得关注。

参 考 文 献

陈勉，金衍，张广清 . 2011. 石油工程岩石力学基础［M］. 北京：石油工业出版社 .

戴俊生，冯建伟，李明，等 . 2011. 砂泥岩间互地层裂缝延伸规律探讨［J］. 地学前缘，18（2）：276-283.

丁文龙，樊太亮，黄晓波，等 . 2011. 塔里木盆地塔中地区上奥陶统古构造应力场模拟与裂缝分布预测［J］. 地质通报，30（4）：588-594.

丁中一，钱祥麟，霍红，等 . 1998. 构造裂缝定量预测的一种新方法：二元法［J］. 石油与天然气地质，19（1）：3-9.

杜金虎，王招明，胡素云，等 . 2012. 库车前陆冲断带深层大气区形成条件与地质特征［J］. 石油勘探与开发，39（4）：385-393.

冯增昭 . 1994. 沉积岩石学［M］. 北京：石油工业出版社 .

戈红星 . 1996. 盐构造与油气圈闭及其综合利用［J］. 南京大学学报（自然科学），（4）：640-649.

郭召杰 . 2012. 新疆北部大地构造研究中几个问题的评述［J］. 地质通报，31（7）：1054-1061.

韩宝福，季建清，宋彪，等 . 2006. 新疆准噶尔晚古生代陆壳垂向生长（Ⅰ）——后碰撞深成岩浆活动的时限［J］. 岩石学报，22（5）：1076-1086.

何登发，周新源，杨海军，等 . 2009. 库车拗陷的地质结构及其对大油气田的控制作用［J］. 大地构造与成矿学，3（1）：19-32.

侯冰，陈勉，卢虎，等 . 2009. 库车山前下第三系漏失原因分析及堵漏方法［J］. 石油钻采工艺，31（4）：40-44.

侯贵廷 . 1994. 裂缝分形分析方法［J］. 应用基础与工程科学学报，2（4）：299-305.

侯贵廷 . 2010. 华北基性岩墙群［M］. 北京：科学出版社 .

侯贵廷，潘文庆 . 2013. 裂缝地质建模及力学机制［M］. 北京：科学出版社 .

黄继新，彭仕宓，王小军，等 . 2006. 成像测井资料在裂缝和地应力研究中的应用［J］. 石油学报，27（6）：65-69.

黄少英，王月然，魏红兴 . 2009. 塔里木盆地库车拗陷盐构造特征及形成演化［J］. 大地构造与成矿学，33（1）：116-123.

贾承造 . 1997. 中国塔里木盆地构造特征与油气［M］. 北京：石油工业出版社 .

贾承造 . 2001. 塔里木盆地库车拗陷大气田勘探［M］. 北京：石油工业出版社 .

贾承造 . 2004. 塔里木盆地板块构造与大陆动力学［M］. 北京：石油工业出版社 .

贾承造，顾家裕，张光亚 . 2002. 库车拗陷大中型气田形成的地质条件［J］. 科学通报，47（S1）：49-55.

贾进斗 . 2006. 天山南北前陆冲断带油气地质条件对比及有利勘探领域分析［J］. 中国石油勘探，11（4）：21-25.

贾进华，薛良清 . 2002. 库车拗陷中生界陆相层序地层格架与盆地演化［J］. 地质科学，37（S1）：121-128.

姜振学，李峰，杨海军，等 . 2015. 库车拗陷迪北地区侏罗系致密储层裂缝发育特征及控藏模式［J］. 石油学报，36（s2）：102-111.

琚岩，孙雄伟，刘立炜，等 . 2014. 库车拗陷迪北致密砂岩气藏特征［J］. 新疆石油地质，35（3）：264-267.

鞠玮，侯贵廷，潘文庆，等 . 2011. 塔中Ⅰ号断裂带北段构造裂缝面密度与分形统计［J］. 地学前缘，18（3）：316-323.

鞠玮，侯贵廷，黄少英，等．2013. 库车拗陷依南—吐孜地区下侏罗统阿合组砂岩构造裂缝分布预测 ［J］．大地构造与成矿学，37（4）：592-602.

鞠玮，侯贵廷，黄少英，等．2014a. 断层相关褶皱对砂岩构造裂缝发育的控制约束 ［J］．高校地质学报，20（1）：106-113.

鞠玮，侯贵廷，冯胜斌，等．2014b. 鄂尔多斯盆地庆城–合水地区延长组长 5-3 储层构造裂缝定量预测 ［J］．地学前缘，21（6）：310-320.

康海亮，林畅松，李洪辉，等．2016. 库车拗陷依南地区阿合组致密砂岩气储层特征与有利区带预测 ［J］．石油实验地质，38（2）：162-168.

雷刚林，谢会文，张敬洲，等．2007. 库车拗陷克拉苏构造带构造特征及天然气勘探 ［J］．石油与天然气地质，28（6）：815-820.

李乐，侯贵廷，潘文庆，琚岩，等．2011. 逆断层对致密岩石构造裂缝发育的约束控制 ［J］．地球物理学报，54（2）：465-473.

李世川，成荣红，王勇，等．2012. 库车拗陷大北 1 气藏白垩系储层裂缝发育规律 ［J］．天然气工业，32（10）：24-27.

李艳友，漆家福．2012. 库车拗陷克拉苏构造带分层收缩构造变形及其主控因素 ［J］．地质科学，47（3）：606-617.

李艳友，漆家福．2013. 库车拗陷克拉苏构造带大北—克深区段差异变形特征及其成因分析 ［J］．地质科学，48（4）：1176-1186.

林潼，易士威，叶茂林，等．2014. 库车拗陷东部致密砂岩气藏发育特征与富集规律 ［J］．地质科技情报，33（2）：115-122.

刘春，张惠良，韩波，等．2009. 库车拗陷大北地区深部碎屑岩储层特征及控制因素 ［J］．天然气地球科学，20（4）：504-512.

刘和甫，汪泽成，熊保贤，等．2000. 中国中西部中、新生代前陆盆地与挤压造山带耦合分析 ［J］．地学前缘，7（3）：55-72.

刘洪涛，曾联波．2004. 喜马拉雅运动在塔里木盆地库车拗陷的表现：来自岩石声发射实验的证据 ［J］．地质通报，23（7）：675-679.

刘志宏，卢华复，贾承造，等．2000. 库车再生前陆逆冲带造山运动时间、断层滑移速率的厘定及其意义 ［J］．石油勘探与开发，27（1）：12-15.

卢华复，贾东，陈楚铭，等．1999. 库车新生代构造性质和变形时间 ［J］．地学前缘，6（4）：215-221.

孟庆峰，侯贵廷，潘文庆，等．2011. 岩层厚度对碳酸盐岩构造裂缝面密度和分形分布的影响 ［J］．高校地质学报，17（3）：462-468.

牛小兵，侯贵廷，张居增，等．2014. 鄂尔多斯盆长 5-长 7 段致密砂岩岩心裂缝评价标准及应用 ［J］．大地构造与成矿学，38（3）：571-579.

潘文庆，侯贵廷，齐英敏，等．2013. 碳酸盐岩构造裂缝发育模式探讨 ［J］．地学前缘，5：188-195.

邱登峰，郑孟林，张瑜，等．2012. 塔中地区构造应力场数值模拟研究 ［J］．大地构造与成矿学，36（2）：168-175.

宋惠珍．1999. 脆性岩储层裂缝定量预测的尝试 ［J］．地质力学学报，5（1）：78-86.

苏培东，秦启荣，黄润秋．2005. 储层裂缝预测研究现状与展望 ［J］．西南石油学院学报，27（5）：14-17.

汤良杰，余一欣，陈书平，等．2005. 含油气盆地盐构造研究进展 ［J］．地学前缘，12（4）：375-383.

汤良杰，余一欣，杨文静，等．2007. 库车拗陷古隆起与盐构造特征及控油气作用 ［J］．地质学报，81（2）：143-150.

万天丰.1988.古构造应力场［M］.北京：地质出版社.

汪必峰.2007.储集层构造裂缝描述与定量预测［D］.青岛：中国石油大学（华东）.

汪新，贾承造，杨树锋.2002.南天山库车褶皱冲断带构造几何学和运动学［J］.地质科学，37（3）：372-384.

王步清，黄智斌，马培领，等.2009.塔里木盆地构造单元划分标准、依据和原则的建立［J］.大地构造与成矿学，33（1）：85-93.

王根海，寿建峰.2001.库车拗陷东部下侏罗统砂体特征与储集层性质的关系［J］.石油勘探与开发，28（4）：33-35.

王红才，王薇，王连捷，等.2002.油田三维构造应力场数值模拟与油气运移［J］.地球学报，23（2）：175-178.

王洪浩，李江海，李维波，等.2016.库车克拉苏构造带地下盐构造变形特征分析［J］.特种油气藏，23（4）：20-24.

王家豪，王华，陈红汉，等.2007.前陆盆地的构造演化及其沉积、地层响应：以库车拗陷下白垩统为例［J］.地学前缘，14（4）：114-122.

王俊鹏，张荣虎，赵继龙，等.2014.超深层致密砂岩储层裂缝定量评价及预测研究：以塔里木盆地克深气田为例［J］.天然气地球科学，25（11）：1735-1745.

王珂，戴俊生，商琳，等.2014.曲率法在库车拗陷克深气田储层裂缝预测中的应用［J］.西安石油大学学报：自然科学版，29（1）：34-39.

王珂，张慧良，张荣虎，等.2015.塔里木盆地克深2气田储层构造裂缝多方法综合评价［J］.石油学报，36（6）：673-687.

王连捷，王红才，王薇，等.2004.油田三维构造应力场、裂缝与油气运移［J］.岩石力学与工程学报，23（23）：4052-4057.

王仁.1994.有限单元等数值方法在我国地球科学中的应用和发展［J］.地球物理学报，37（S1）：128-139.

王延欣，侯贵廷，李江海，等.2008.塔北隆起中西部新近纪末构造应力场数值模拟［J］.北京大学学报，44（6）：902-908.

王招明.2004.塔里木盆地油气勘探与实践［M］.北京：石油工业出版社.

王振宇，陶夏妍，范鹏，等.2014.库车拗陷大北气田砂岩气层裂缝分布规律及其对产能的影响［J］.油气地质与采收率，21（2）：51-56.

邬光辉，罗春树，胡太平，等.2007.褶皱相关断层——以库车拗陷新生界盐上构造层为例［J］.地质科学，42（3）：495-505.

吴文圣，陈钢花，雍世和.2001.利用双侧向测井方法判别裂缝的有效性［J］.中国石油大学学报自然科学版，25（1）：86-89.

吴永平，朱忠谦，肖香姣，等.2011.迪那2气田古近系储层裂缝特征及分布评价［J］.天然气地球科学，22（6）：989-995.

邢万里，刘成林，王安建，等.2013.库车前陆盆地古近系蒸发岩岩石学、矿物学与成钾环境分析——以DZK01孔岩芯为例［J］.地球学报，34（5）：559-566.

杨帆，邸宏利，王少依，等.2002.塔里木盆地库车拗陷依奇克里克构造带侏罗系致密储层特征及成因［J］.古地理学报，4（2）：45-53.

杨锋，朱春启，王新海，等.2013.库车前陆盆地低孔裂缝性砂岩产能预测模型［J］.石油勘探与开发，40（3）：341-345.

杨庚，钱祥麟.1995a.库车拗陷沉降与天山中新生代构造活动［J］.新疆地质，13（3）：264-274.

杨庚，钱祥麟.1995b. 塔里木盆地库车坳陷冲断构造带储油构造探讨［J］. 石油勘探与开发，22（6）：
　　25-29.

杨树锋，陈汉林，厉子龙，等.2014. 塔里木早二叠世大火成岩省［J］. 中国科学：地球科学，（2）：
　　187-199.

杨学君.2011. 大北气田低孔低渗砂岩储层裂缝特征及形成机理研究［D］. 青岛：中国石油大学（华
　　东）.

易士威，李德江，杨海军，等.2014. 裂缝对阳霞凹陷迪北阿合组致密砂岩气藏形成的作用［J］. 新疆
　　石油地质，35（1）：49-51.

尹宏伟，王哲，汪新，等.2011. 库车前陆盆地新生代盐构造特征及形成机制：物理模拟和讨论［J］.
　　高校地质学报，17（2）：308-317.

于璇，侯贵廷，能源，等.2016a. 库车坳陷构造裂缝发育特征及分布规律［J］. 高校地质学报，
　　22（4）：644-656.

于璇，侯贵廷，李勇，等.2016b. 迪北气田三维探区下侏罗统阿合组裂缝定量预测［J］. 地学前缘，
　　23（1）：240-252.

余一欣，周心怀，彭文绪．等.2011. 盐构造研究进展述评［J］. 大地构造与成矿学，35（2）：169-182.

曾锦光，罗元华，陈太源.1982. 应用构造面主曲率研究油气藏裂缝问题［J］. 力学学报，（2）：
　　202-206.

曾联波，周天伟.2004. 塔里木盆地库车坳陷储层裂缝分布规律［J］. 天然气工业，24（9）：23-25.

曾联波，谭成轩，张明利.2004. 塔里木盆地库车坳陷中新生代构造应力场及其油气运聚效应［J］. 中
　　国科学 D 辑，34（S1）：98-106.

曾联波，漆家福，王永秀.2007. 低渗透储层构造裂缝的成因类型及其形成地质条件［J］. 石油学报，
　　28（4）：52-56.

詹彦，侯贵廷，赵文韬，等.2014. 库车坳陷东部侏罗系致密砂岩构造裂缝定量预测［J］. 高校地质学
　　报，20（2）：294-302.

张博，袁文芳，曹少芳，等.2011. 库车坳陷大北地区砂岩储层裂缝主控因素的模糊评判［J］. 天然气
　　地球科学，22（2）：250-253.

张光亚，薛良清.2002. 中国中西部前陆盆地油气分布与勘探方向［J］. 石油勘探与开发，29（1）：1-5.

张惠良，张荣虎，杨海军，等.2014. 超深层裂缝–孔隙型致密砂岩储集层表征与评价：以库车前陆盆地
　　克拉苏构造带白垩系巴什基奇克组为例［J］. 石油勘探与开发，41（2）：158-167.

张明利，谭成轩，汤良杰，等.2004. 塔里木盆地库车坳陷中新生代构造应力场分析［J］. 地球学报，
　　25（6）：615-619.

张鹏，侯贵廷，潘文庆，等.2011. 新疆柯坪地区碳酸盐岩对于构造裂缝发育的影响［J］. 北京大学学
　　报（自然科学版），47（5）：831-836.

张鹏，侯贵廷，潘文庆，等.2013a. 塔里木盆地震旦–寒武系白云岩储层构造裂缝有效性研究［J］. 北
　　京大学学报，49（6）：993-1001.

张鹏，侯贵廷，潘文庆，等.2013b. 塔里木盆地北缘碳酸盐岩野外构造裂缝发育规律研究［J］. 高校地
　　质学报，19（4）：580-587.

张鹏，侯贵廷，潘文庆，等.2014. 新疆库鲁克塔格地区构造应力场解析［J］. 地质科学，49（1）：
　　69-80.

张鹏，侯贵廷，潘文庆，等，2015. 塔中地区新近纪构造作用下寒武系应力场模拟与裂缝预测［J］. 北京
　　大学学报，3：463-471.

张庆莲，侯贵廷，潘文庆，等.2010. 新疆巴楚地区走滑断裂对碳酸盐岩构造裂缝发育的控制［J］. 地

质通报，29（8）：1160-1167.

张庆莲，侯贵廷．2011. 构造裂缝的分形研究［J］．应用基础与工程科学学报，19（6）：853-861.

张仲培，王清晨．2004. 库车拗陷节理和剪切破裂发育特征及其对区域应力场转换的指示［J］．中国科学：地球科学，34（S1）：63-73.

张仲培，王清晨，王毅，等．2006. 库车拗陷脆性构造序列及其对构造古应力的指示［J］．地球科学：中国地质大学学报，31（03）：309-316.

赵文韬，侯贵廷，孙雄伟，等．2013. 库车东部碎屑岩层厚和岩性对裂缝发育的影响［J］．大地构造与成矿学，37（4）：603-610.

赵文韬，侯贵廷，鞠玮，等．2015a. 库车东部碎屑岩地层曲率对裂缝发育的影响［J］．北京大学学报，6：1059-1068.

赵文韬，侯贵廷，张居增，等．2015b. 层厚与岩性控制裂缝发育的力学机理研究——以鄂尔多斯盆地延长组为例［J］．北京大学学报，6：1046-1058.

赵文智，许大丰，张朝军，等．1998. 库车拗陷构造变形层序划分及在油气勘探中的意义［J］．石油学报，19（3）：13-17.

郑淳方，侯贵廷，詹彦，等．2016. 库车拗陷新生代构造应力场恢复［J］．地质通报，35（1）：130-139.

周鹏，唐雁刚，尹宏伟，等．2017. 塔里木盆地克拉苏构造带克深2气藏储层裂缝带发育特征及与产量关系［J］．天然气地球科学，28（1）：135-145.

周文，闫长辉，王世泽，等．2007. 油气藏现今地应力场评价方法及应用［M］．北京：地质出版社．

周新桂，张林炎，范昆．2007. 含油气盆地低渗透储层构造裂缝定量预测方法和实例［J］．天然气地球科学，18（3）：328-333.

朱志澄，宋鸿林．1990. 构造地质学［M］．武汉：中国地质大学出版社，331.

Bellahsen N，Fiore P，Pollard D D. 2006. The role of fractures in the structural interpretation of Sheep Mountain Anticline，Wyoming［J］．Journal of Structural Geology，28（5）：850-867.

Berra F，Carminati E. 2012. Differential compaction and early rock fracturing in high-relief carbonate platforms：Numerical modelling of a Triassic case study（Esino Limestone，Central Southern Alps，Italy）［J］．Basin Research，24（5）：598-614.

Boadu F K. 1997. Fractured rock mass characterization parameters and seismic properties：Analytical studies［J］．Journal of Applied Geophysics，37（1）：1-19.

Callot J P，Trocme V，Letouzey J，et al. 2012. Pre-existing salt structures and the folding of the Zagros Mountains［J］．Geological Society London Special Publications，363（1）：545-561.

Chemia Z，Schmeling H，Koyi H. 2009. The effect of the salt viscosity on future evolution of the Gorleben salt diapir，Germany［J］．Tectonophysics，473（3-4）：445-456.

Chen S，Tang L，Jin Z，et al. 2004. Thrust and fold tectonics and the role of evaporites in deformation in the Western Kuqa Foreland of Tarim Basin，Northwest China［J］．Marine and Petroleum Geology，21（8）：1026-1042.

Cooke M L，Simo J，Underwood C A，et al. 2006. Mechanical stratigraphic controls on fracture patterns within carbonates and implications for groundwater flow［J］．Sedimentary Geology，184（3-4）：225-239.

Costa E，Vendeville B C. 2002. Experimental insights on the geometry and kinematics of fold-and-thrust belts above weak，viscous evaporitic decollent［J］．Journal of Structural Geology，24（11）：1729-1739.

Dan M D，Engelder T. 1985. The role of salt in fold-and-thrust belts［J］．Tectonophysics，119（1-4）：66-88.

Delvaux D，Sperner B. 2003. New aspects of tectonic stress inversion with reference to the TENSOR program［J］．Geological Society London Special Publications，212（1）：75-100.

Delvaux D, Moeys R, Stapel G, et al. 1995. Palaeostress reconstructions and geodynamics of the Baikal region, Central Asia, Part I. Palaeozoic and Mesozoic pre-rift evolution [J]. Tectonophysics, 252 (1-4): 61-101.

Eig K, Bergh S G. 2011. Late Cretaceous-Cenozoic fracturing in Lofoten, North Norway: Tectonic significance, fracture mechanisms and controlling factors [J]. Tectonophysics, 499 (1-4): 190-205.

Erickson S G. 1996. Influence of mechanical stratigraphy on folding vs faulting [J]. Journal of Structural Geology, 18 (4): 443-450.

Ge H, Jackson M P A, Vendeville B C. 1997. Kinematics and dynamics of salt tectonics driven by progradation [J]. AAPG Bulletin, 81 (3): 398-423.

Ghosh K, Mitra S. 2009a. Structural controls of fracture orientations, intensity, and connectivity, Teton anticline, Sawtooth Range, Montana [J]. AAPG Bulletin, 93 (8): 995-1014.

Ghosh K, Mitra S. 2009b. Two-dimensional simulation of controls of fracture parameters on fracture connectivity [J]. AAPG Bulletin, 93 (11): 1516-1533.

Golab A N, Knackstedt M A, Averdunk H, et al. 2010. 3D porosity and mineralogy characterization in tight gas sandstones [J]. The Leading Edge, 29 (12): 1475-1483.

Gross M R. 1993. The origin and spacing of cross joints: examples from the Monterey Formation, Santa Barbara Coastline, California [J]. Journal of Structural Geology, 15 (6): 737-751.

Gudmundsson A, Simmenes T H, Larsen B, et al. 2010. Effects of internal structure and local stresses on fracture propagation, deflection, and arrest in fault zones [J]. Journal of Structural Geology, 32 (11): 1643-1655.

Harrison J C. 1996. Tectonics and kinematics of a foreland folded belt influenced by salt, Arctic Canada [M] // Jackson M P A, Roberts D G, Snelson S. Salt Tectonics: A Global Perspective. AAPG Memoir, 65: 379-412.

Hennings P H, Olson J E, Thompson L B. 2000. Combining outcrop data and three-dimensional structural models to characterize fractured reservoirs: An example from Wyoming [J]. AAPG Bulletin, 84 (6): 830-849.

Hou G T, Li J H, Qian X L. 2006a. The late Paleoproterozoic extension events: aulacogens and dyke swarms [J]. Progress in Natural Science, 16 (2): 48-63.

Hou G T, Liu Y L, Li J H, et al. 2006b. The evidence of 1.8Ga extension of North China Craton from the mafic dyke in Shandong Province, Eastern Block [J]. Journal of Asian Earth Science, 27 (4) 392-401.

Hou G T, Wang C C, Li J H, et al. 2006c. The Paleoproterozoic extension and reconstruction of ~ 1.8Ga stressfiled of the North China Craton [J]. Tectonophysics, 422: 89-98.

Hou G T, Li J H, Yang M H, et al. 2008a. Geochemical constraints on the tectonic environment of the Late Paleoproterozoic mafic dyke swarms in the North China Craton [J]. Gondwana Research, 13: 103-116.

Hou G T, Santosh M, Qian X L, et al. 2008b. Configuration of the Late Paleoproterozoic supercontinent Columbia: Insights from radiating mafic dyke swarms [J]. Gondwana Research, 14: 395-409.

Hou G T, Santosh M, Qian X L, et al. 2008c. Tectonic constraints on the 1.3 ~ 1.2Ga final breakup of the Columbia supercontinent from a giant radiating dyke swarm [J]. Gondwana Research, 14: 561-566.

Hou G T, Wang Y X, Hari K. 2010a. The Late Triassic and Late Jurassic stress fields and tectonic transmission of North China Craton [J]. Journal of Geodynamics, 50: 318-324.

Hou G T, Kusky T M, Wang C C, et al. 2010b. Mechanics of the giant radiating Mackenzie dyke swarm: A paleostress field modeling [J]. Journal of Geophysical Research, 115: 1448-1470.

Hudec M R, Jackson M P A. 2007. Terra infirma: Understanding salt tectonics [J]. Earth-Science Reviews, 82 (1-2): 1-28.

Jackson M P A, Vendeville B C, Schultz-Ela D. 1994. Salt-related structures in the Gulf of Mexico: A field guide for geophysicists [J]. Leading Edge, 13 (8): 836-842.

Jackson M, Talbot C J. 1991. A glossary of salt tectonics [M]. Bureau of Economic Geology, University of Texas at Austin.

Ju W, Hou G T, Zhang B. 2014. Insights into the damage zones in fault-bend folds from geomechanical models and field data [J]. Tectonophysics, 610 (1): 182-194.

Ju W, Hou G T. 2014. Late Permian to Triassic intraplate orogeny of the southern Tianshan and adjacent regions, NW China [J]. Geoscience Frontier, 5: 83-93.

Ju W, Hou G T, Hari K R. 2013. Mechanics of mafic dyke swarms in the Deccan Large Igneous Province: Palaeostress field modelling [J]. Journal of Geodynamics, 66 (22): 79-91.

Koyi H, Petersen K. 1993. Influence of basement faults on the development of salt structures in the Danish Basin [J]. Marine and Petroleum Geology, 10 (2): 82-93.

Li Y, Hou G T, Hari K R, et al. 2018. The model of fracture development in the faulted folds: The role of folding and faulting [J]. Marine and Petroleum Geology, 89: 243-251.

Marti D, Carbonell R, Escuder-Viruete J, et al. 2006. Characterization of a fractured granitic pluton: P-and S-waves' seismic tomography and uncertainty analysis [J]. Tectonophysics, 422 (1): 99-114.

Murray G H. 1968. Quantitative fracture study: Sanish Pool, Mckenzie County, North Dakota [J]. AAPG Bulletin, 52 (1): 56-65.

Narr W, Suppe J. 1991. Joint spacing in sedimentary rocks [J]. Journal of Structural Geology, 13 (9): 1037-1048.

Narr W, Lerche I. 1984. A method for estimating subsurface fracture density in core [J]. AAPG Bulletin, 68 (5): 637-648.

Nelson R A. 1985. Geologic analysis of naturally fractured reservoirs: Contributions in petroleum geology and engineering [M]. Houston: Gulf Publishing Company.

Peck L, Barton C C, Gordon R B. 1985. Microstructure and the resistance of rock to tensile fracture [J]. Journal of Geophysical Research, 90 (B13): 11533.

Pollard D D, Aydin A. 1988. Progress in understanding jointing over the past century [J]. Geological Society of America Bulletin, 100 (8): 1181-1204.

Price N J. 1966. Fault and Joint Development in Brittle and Semi-brittle Rock [M]. London: Pergamon Press, 175.

Ramsay J G. 1967. Folding and fracturing of rocks [M]. McGraw-Hill.

Ramsay J G, Huber M I. 1987. The techniques of modern structural geology [J]. Earth Science Reviews, 23 (3): 242-243.

Rowan M G, Vendeville B C. 2006. Fold belts with early salt withdrawal and diapirism: Physical model and examples from the northern Gulf of Mexico and the Flinders Ranges, Australia [J]. Marine and Petroleum Geology, 23 (9-10): 871-891.

Smart K J, Ferrill D A, Morris A P, et al. 2012. Geomechanical modeling of stress and strain evolution during contractional fault-related folding [J]. Tectonophysics, 576: 171-196.

Stewart S A. 1996. Influence of detachment layer thickness on style of thin-skinned shortening [J]. Journal of Structural Geology, 18 (10): 1271-1274.

Sun S, Hou G T, Zheng C F. 2017. Fracture zones constrained by neutral surfaces in a fault-related fold: Insights from the Kelasu tectonic zone, Kuqa Depression [J]. Journal of Structural Geology, 104: 112-124.

Underwood C A, Cooke M L, Simo J A, et al. 2003. Stratigraphic controls on vertical fracture patterns in Silurian dolomite, northeastern Wisconsin [J]. AAPG Bulletin, 87 (1): 121-142.

Van Golf-Racht T D. 1982. Fundamentals of fractured reservoir engineering ［M］. Amsterdam：Elsevier.

Van Keken P E, Spiers C J, Van den Berg A P, et al. 1993. The effective viscosity of rocksalt：Implementation of steady-state creep laws in numerical models of salt diapirism ［J］. Tectonophysics, 225 （4）：456-476.

Wang X, Suppe J, Guan S, et al. 2011. Cenozoic structure and tectonic evolution of the kuqa fold belt, Southern Tianshan, China ［J］. AAPG Memoir, 94：215-243.

Weijermars R, Jackson M P A, Vendeville B C. 1993. Rheological and tectonic modeling of salt provinces ［J］. Tectonophysics, 217 （1-2）：143-174.

Withjack M O, Callaway S. 2000. Active normal faulting beneath a salt layer：An experimental study of deformation patterns in the cover sequence ［J］. AAPG Bulletin, 84 （5）：4643-4654.

Zeng L, Wang H, Gong L, et al. 2010. Impacts of the tectonic stress field on natural gas migration and accumulation：A case study of the Kuqa Depression in the Tarim Basin, China ［J］. Marine and Petroleum Geology, 27 （7）：1615-1627.

Zhao W T, Hou G T. 2017. Fracture prediction in the tight-oil reservoirs of the Triassic Yanchang Formation in the Ordos Basin, Northern China ［J］. Petroleum Sciences, 14：1-23.